流れのすじがよくわかる

流体力学

小森 悟 [著]

朝倉書店

はじめに

　空気や水などの流体の流れは，自動車，列車，航空機，船舶などの乗り物の周りや，流体輸送用の流路や混合・反応燃焼器などの産業機械や装置内に見られるだけでなく，大気や河川，海洋などの我々の身の周りの環境中や，血管・気道内の血流・気流など我々の身体の中にもつねに存在する．したがって，これらの流体の運動を扱う流体力学は，機械工学や化学工学をはじめとする数多くの工学分野のみならず，理学，農学，医学など多様な分野で基盤的な学問として必要とされている．

　そこで，流体力学を学びたい様々な分野の読者のために，本書では，筆者が京都大学工学部の物理工学科の学部生に対してこれまで行ってきた講義の資料をもとにして，余分な説明についてはできるだけ省略し，流体力学の基礎的知識に関する必要最低限の事項のみをまとめた．また，本書の筋立ては市販されている従来の流体力学や流体工学の専門書や参考書とは異なり，まず初めに流体の運動を決定するための基礎方程式を力学の法則に従って導出し，次に，その基礎方程式をもとにして流体の種々の運動について解説を進めるという，話の流れの筋がよくわかる方式をとった．このため読者は流体力学がどのような力学体系に基づく学問であるのかを容易に理解することができ，本書が流体力学の基礎について自学することをめざす学部学生などにとって最適な入門書になることを期待したい．なお，本書の内容を理解するにあたっては，高校で学習する程度の微分・積分および大学初年時に学ぶ程度の簡単な偏微分についての最低限の数学的知識を必要とする．

　具体的な本書の構成は，第1章で流体力学において扱う流体とはそもそもどのような性質を持つ物質であるかについて，また，この流体を個々の分子としてではなく数多くの分子の集合体である連続体として取り扱うための概念について解説する．この連続体の概念のもとで第2章では流体が静止している場合の圧力の

鉛直方向分布を表す方程式を，第3章では流動している流体の流速を決定するための質量保存を示す連続の式と流体に働く力の釣り合いを示す運動方程式を導出する．これらの流体の支配方程式を用いて第4章では単純な形状を持つ流路内を，水や空気が非常に遅い流速で流れる，あるいは，水飴やグリセリン水溶液などの高粘性流体が流れる場合に見られる層流の流速分布を求める方法について述べる．第5章では流速を上げた場合に生じる乱流について平行平板間や円管内の流れを例として簡単な説明を行い，時間平均流速分布の導出方法などについて概説する．第6章では流れを粘性のない完全流体の一次元的定常流れと仮定して，流体が流路などに及ぼす流体力を運動量の保存則を用いて評価する方法について述べる．第7章では流路内の流れを一次元的な流れと仮定して圧力損失を経験的に評価する方法について説明する．第8章では流体の流速の一般的な計測方法について紹介する．第9章以降では第7章までに扱ってきた流路内の流体の流れ，いわゆる内部流れではなく流れの中に置かれた物体周りの流れ，つまり外部流れと呼ばれる流れについて解説する．まず最も簡単な外部流れである流れの中に置かれた平板上に発達する境界層流れについて第9章で説明する．さらに，第10章では円柱，球，翼などの物体周りの流れや，これらの物体に働く抗力や揚力などの流体力について概説する．第11章では，物体に働く揚力を計算する方法として完全流体のポテンシャル流れを用いた解析方法について説明する．本書はもともと非圧縮性流れを対象としたテキストであるが，最後の第12章には，圧縮性の完全流体の流れに関する基礎的事項についてのみ説明を追加した．

本書の執筆にあたり原稿のデータ入力および図作成に多大なご協力を得た研究室の学部卒業生の岩田健君 (現 東京電力 勤務) に，この原稿作成作業に加えて数式のチェックを行ってくれた博士後期課程修了生の北野智朗君 (現 IHI 勤務) に，さらに研究室の歴代のスタッフおよび学生諸君に深謝する．また，本書を執筆するにあたり，参考文献として巻末に挙げた既刊書から多くの示唆を賜ったことに対し，これらの本の著者に厚くお礼申し上げる次第である．

終わりに，20年近くも前から本書の出版を勧めていただき，刊行にあたっていろいろお世話になった朝倉書店編集部に感謝の意を表したい．

2016年6月

小森　悟

目　　次

第1章　流体の定義と流体物性　　1
1.1　単位と次元　　1
1.2　流体の定義　　2
　1.2.1　物質の種類　2
　1.2.2　流体の定義　3
1.3　連続体としての流体の扱いと物性　　3
　1.3.1　連続体の定義　3
　1.3.2　流体の物性　5

第2章　静止流体の力学　　10
2.1　静止流体に働く圧力とその定義　　10
2.2　重力作用下での流体中の圧力の鉛直方向分布　　12
2.3　同レベルでの圧力の等価性　　13
2.4　二点間の重力による圧力変化の一般的表現　　14
2.5　静止流体中での鉛直方向への圧力変化　　16
　2.5.1　一定密度の流体中での高さに対する圧力変化　16
　2.5.2　一定温度のガス中での高度に対する圧力変化　16
　2.5.3　断熱条件下での圧力と密度の関係　16
　2.5.4　温度勾配一定の場合の圧力と密度の変化　17
2.6　圧力とヘッド　　17
2.7　マノメータによる圧力測定　　18

第3章　流体運動の支配方程式　　21
3.1　流体の運動の記述法　　21
3.2　連続の式 (質量保存則)　　21

3.3　運動方程式 (力の釣り合い式) 24

第4章　粘性流体の層流　35

4.1　平行平板間の流れ 35
4.2　クエット流れ 38
4.3　傾斜平板上の重力流れ 38
4.4　円管内の流れ 40
4.5　共軸円管内の流れ 41
4.6　その他の層流 42

第5章　層流から乱流へ　46

5.1　レイノルズ数 46
5.2　乱流への遷移 48
5.3　平行平板間の発達した乱流の数式表現 50
5.4　円管内の発達した乱流の数式表現 54
5.5　乱流の流速分布に対する壁法則 56

第6章　流体運動のマクロ的取り扱い　60

6.1　流線の概念 61
6.2　連続の式 (質量保存則) 62
6.3　エネルギーの保存式 63
6.4　運動量の保存則 67
6.5　角運動量の保存則 72

第7章　流路内の圧力損失　76

7.1　管路内の圧力損失の計算法 76
7.2　管路系の各種の圧力損失 80
7.3　流体輸送ポンプの選定 84

第 8 章　流体の計測法　　　　　　　　　　　　　　　　　　　　　87

8.1　流速測定法 ·· 87
8.1.1　ピトー管　87
8.1.2　熱線流速計　88
8.1.3　レーザドップラー流速計 (LDV)　92
8.1.4　そ の 他　94
8.2　流量の測定法 ·· 95
8.2.1　ベンチュリ管　95
8.2.2　オリフィス　96
8.2.3　そ の 他　97

第 9 章　平板上の境界層流れ　　　　　　　　　　　　　　　　　　　98

9.1　平板境界層の定性的説明 ·· 98
9.2　境界層厚さの定義 ·· 100
9.2.1　境界層厚さ　δ　100
9.2.2　排除厚さ　δ^*　100
9.2.3　運動量厚さ　θ　101
9.3　平板層流境界層内の流速分布 ·· 102
9.3.1　境界層方程式の導出　102
9.3.2　境界層方程式の解法　104
9.3.3　平板境界層に対する運動量方程式　106
9.3.4　平板層流境界層中の壁面摩擦応力の近似計算 (x 方向に圧力勾配がない場合)　108
9.4　平板乱流境界層流れ ··· 111
9.4.1　乱流の構造　111
9.4.2　乱流境界層方程式　114
9.4.3　乱流境界層の近似計算　116
9.5　円管内流れの境界層 ··· 118

第 10 章　物体周りの流れ　　　　　　　　　　　　　　　　　　　　121

10.1　物体周りの流れの性質 ··· 121
10.2　抗力と揚力 ··· 122

目次

- 10.3 抗力係数を支配するパラメータ (次元解析) ……………………… 124
- 10.4 円柱周りの流れ ……………………………………………………… 126
- 10.5 球周りの流れ ………………………………………………………… 129
- 10.6 流体中での固体球形粒子の運動 …………………………………… 133
  - 10.6.1 重力下での粒子の運動　133
  - 10.6.2 遠心力の働く場での粒子の運動　136
  - 10.6.3 静電力の働く場での粒子の運動　138
- 10.7 翼周りの流れ ………………………………………………………… 139

第11章　複素ポテンシャルを用いた物体周りの二次元流れの解析　148

- 11.1 ポテンシャル流れ …………………………………………………… 149
- 11.2 複素ポテンシャル $W(z)$ の定義 …………………………………… 154
- 11.3 簡単なポテンシャル流れに対する複素ポテンシャル …………… 155
  - 11.3.1 平　行　流　155
  - 11.3.2 わき出しと吸い込みのある流れ　157
  - 11.3.3 循環とポテンシャル渦　158
  - 11.3.4 角を回る流れ　161
- 11.4 重ね合わせによるポテンシャル流れの表現 ……………………… 164
  - 11.4.1 わき出しと吸い込みが共存する場合の流れ　164
  - 11.4.2 半卵形物体周りの流れ　166
  - 11.4.3 平面壁近傍に存在するポテンシャル渦　168
  - 11.4.4 ランキンの卵形物体周りの流れ　169
  - 11.4.5 円柱周りの流れ　170
- 11.5 等角写像によるポテンシャル流れの表現 ………………………… 172
  - 11.5.1 x 軸に平行な一様流中での円柱周りの流れの等角写像　174
  - 11.5.2 角を回る流れの等角写像　174
  - 11.5.3 x 軸から角度 α 傾いた一様流中での円柱周りの流れの等角写像　175
  - 11.5.4 楕円形物体周りの流れの等角写像　176
- 11.6 ポテンシャル解析による揚力の計算 ……………………………… 177
  - 11.6.1 ブラジウスの定理　177
  - 11.6.2 ブラジウスの定理を用いた物体に働く力の計算　180
- 11.7 翼　理　論 …………………………………………………………… 182
  - 11.7.1 平板翼に働く揚力　183

　　　　　　　　　　　　目　　次　　　　　　　　　　　　vii

　　11.7.2　円弧翼に働く揚力　　184
　　11.7.3　ジューコフスキー翼に働く揚力　　185
　11.8　渦糸によって誘起される流れ ································· 187

第 12 章　圧縮性流体の流れ　　　　　　　　　　　　　　　　192

　12.1　熱力学的性質 ·· 192
　12.2　圧力波の速度とマッハ数 ···································· 195
　12.3　一次元圧縮性流体の流れ ···································· 198
　12.4　ピトー管による圧縮性流体の流速測定 ······················ 200
　12.5　先細ノズル ·· 201
　12.6　中細ノズル ·· 203
　12.7　衝　撃　波 ·· 204

演習問題解答　　209
参　考　文　献　　221
索　　　引　　223

第1章 流体の定義と流体物性

本章では流体力学を学ぶにあたって,流体力学が取り扱う流体とはどのようなものであるかについて簡単に述べる.

1.1 単位と次元

国際単位系 (SI) の七つの単位である,長さ [m], 質量 [kg], 時間 [s], 温度 [K], 電流 [A], 物質量 [mol], 光度 [cd], を用いて,流体力学で主に使用する物理量とその次元を表すと,表 1.1 となる.

表 1.1 流体力学で主に使用する物理量

量		単位	
		定義	SI 基本単位による表示
流速	u, v, w	m/s	$\mathrm{m \cdot s^{-1}}$
重力加速度	g	m/s^2	$\mathrm{m \cdot s^{-2}}$
密度	ρ	kg/m^3	$\mathrm{kg \cdot m^{-3}}$
圧力	Pa	N/m^2	$\mathrm{m^{-1} \cdot kg \cdot s^{-2}}$
エネルギー	J	N·m	$\mathrm{m^2 \cdot kg \cdot s^{-2}}$
ガス定数, 比熱	J/kg·K	N·m/kg·K	$\mathrm{m^2 \cdot s^{-2} \cdot K^{-1}}$
仕事率, 動力	W	J/s	$\mathrm{m^2 \cdot kg \cdot s^{-3}}$
周波数	Hz	1/s	$\mathrm{s^{-1}}$
力	N	m·kg/s^2	$\mathrm{m \cdot kg \cdot s^{-2}}$
表面張力	σ	N/m	$\mathrm{kg \cdot s^{-2}}$
粘性係数	μ	Pa·s	$\mathrm{m^{-1} \cdot kg \cdot s^{-1}}$
動粘性係数	ν	μ/ρ	$\mathrm{m^2 \cdot s^{-1}}$

表 1.1 中の力の単位ニュートン (N) は 1 kg の質量を 1 m/s^2 の割合で加速するのに要する力を示す.したがって N の次元は [m·kg/s^2] となる.

1.2 流体の定義

1.2.1 物質の種類

物質には相の異なる固体，液体，気体があり，変形力，つまり面に平行 (接線方向) に働くせん断力を加えた場合に連続的に変形する液体や気体のことを流体と呼ぶ．このことは水や空気を入れた袋を外から握れば変形することを想像すれば容易に理解できる．これに対し，固体は，せん断力に対して永久的に抵抗する．

$$
\text{物質}\begin{cases}\text{固体} & \cdots \text{変形力 (せん断力) に対して永久的に抵抗} \\ \left.\begin{array}{l}\text{液体} \\ \text{気体}\end{array}\right\} \text{流体}\cdots \text{変形力 (せん断力) に対して連続的に変形}\end{cases}
$$

また，液体は入れた容器に依存することなく自由表面を持ちながら自らの容積を保つが，気体は自らの容積を保たず，容器内を均一に満たす (図 1.1)．この違いは液体，気体の分子構造の違いからきている．

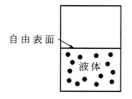
液体は容器内で自らの容積を保つ

気体は自らの容積を持たず
つねに容器を満たす

図 1.1　容器内の液体および気体の違い

水蒸気，水，氷の気液固の 3 相をイメージすれば容易に理解できるように，気体，液体，固体 (分子結晶) の分子の動きは分子間力による結合 (または解離) エネルギー ΔE と分子の運動エネルギー KE の大小関係から決定される (図 1.2)．

分子間距離については気体の場合 (標準状態の理想気体で 3 nm 程度) は液体の場合よりも 1 桁程度大きいため，圧縮が容易である．

気体の分子間距離　≫　液体の分子間距離
　　　↓　　　　　　　　　↓
　圧縮性 (圧縮容易)　　非圧縮性 (圧縮困難)

1.3 連続体としての流体の扱いと物性　　　3

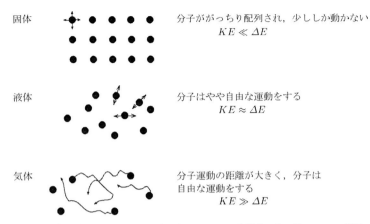

図 1.2　各物質に対する分子の結合エネルギー ΔE と運動エネルギー KE の関係

1.2.2　流体の定義

流体である気体や液体は流体内の任意の面に対して平行な方向 (接線方向) に流体をすべらせるように働くせん断力 F の作用下では連続的に変形しながら流動するが，流体が静止している場合にはせん断力は作用せず，流体内に存在する力 σ_N は流体内の力の任意の作用面に対して 90° の角度をなす (図 1.3)．

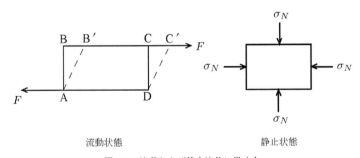

図 1.3　流動および静止流体に働く力

1.3　連続体としての流体の扱いと物性

1.3.1　連続体の定義

分子の平均自由行程を l (気体の種類によって異なるが，常温，常圧の気体の場合で 100 nm 程度)，流れ場の代表長さを L とすると (図 1.4)，クヌッセン数

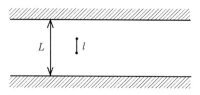

図 1.4 分子の平均自由行程 l と流れ場の代表長さ L との関係

(Knudsen number) Kn は

$$Kn = \frac{l}{L} \tag{1.1}$$

で定義される．

Kn が 1 より十分に小さい場合と大きい場合とでは流れ場は大きく異なる．つまり，通常の流体の流れ場の場合は $Kn \lesssim 0.01$ であり，Kn がそれよりも大きくなると真空に近い希薄流体やマイクロやナノ流路内の流れ場となる．本書では以下に示す連続体としての取り扱いができる $Kn \ll 1$ の通常の流体の流れのみを取り扱う．

図 1.5 に示すように流体中の体積 V に相当する部分における流体の質量，流速，温度，圧力などの流体のある物理量の平均値は平均自由行程 l よりも小さな領域 ($V \leq l^3$) では個々の分子の影響によりばらつくが，l よりもかなり大きな長さスケール l_0 を持つ体積内 ($V \geq V_0(= l_0^3) \gg l^3$) においては多くの分子が含まれるため個々の分子の影響が出なくなり，一定値をとる．V をさらに大きくすると ($V > V_1$) 流速勾配や温度勾配の存在する流路内の流れを考えればわかるように流速や温度が空間的に変化するので体積 V 内のそれらの平均値は V の増加につれて大小に変化する．簡単に言えば流体の物理量を分子個々の影響を受けない多数の分子の持つ集合的なものとして $V_0 (= l_0^3)$ の体積内の値 (平均値) で代用し

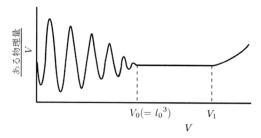

図 1.5 体積 V 内の流体のある物理量の平均値と体積 V との関係

て表すことにより流体の運動を扱う学問を連続体の流体力学と呼び，本書ではこの連続体の流体力学について述べる．

1.3.2 流体の物性

連続体上 $(V_0(=l_0{}^3))$ で定義される流体の分子の持つ集合的な物性として以下に示すものが流体力学では主に使用される．

(1) 密度 ρ [kg/m^3]

単位体積あたりの物質の重さ ρ を密度と呼び，

$$\rho = \lim_{\Delta V \to l_0{}^3} \frac{\Delta m}{\Delta V} \tag{1.2}$$

で定義され，常温の水および空気に対しては以下の値をとる．

$$水 \quad \rho = 998.2 \text{ kg/m}^3 (20°\text{C})$$

$$空気 \quad \rho = 1.205 \text{ kg/m}^3 (20°\text{C})$$

(2) 粘性係数 μ [Pa·s]

y 方向にのみ流速勾配の存在する流動場の微小流体要素に図 1.6 に示すように x 方向にせん断力 F が働く場合を考える．上図においてせん断力 F の働く面積 S は $S = \text{BC} \times \text{BB}'$ であり，せん断応力 τ (単位面積あたりに働く力) は $\tau = F/S$ である．

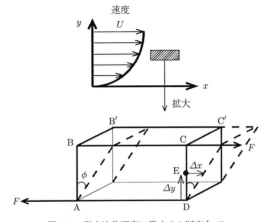

図 1.6 微小流体要素に働くせん断応力 F

いま,時間 Δt の間に図 1.6 の微小流体要素がせん断力 F を受けて破線のように変形し,Δy の高さにある E 点の流体粒子 ($V_0 (= l_0^3)$ に相当する体積を持つ小さな流体要素を便宜上流体粒子と呼ぶ) が微少距離 Δx 動いたとすると,せん断ひずみとせん断ひずみ速度は

$$\text{せん断ひずみ} \quad \phi = \frac{\Delta x}{\Delta y}$$

$$\text{せん断ひずみ速度} \quad \frac{\phi}{\Delta t} = \frac{(\Delta x/\Delta t)}{\Delta y} = \frac{\Delta u}{\Delta y}$$

で与えられる.実験により,せん断力がせん断ひずみ速度に比例することが明らかになっているから,せん断応力は比例定数を μ とすると

$$\tau = \mu \frac{\Delta u}{\Delta y}$$

となる.この μ を粘性係数と呼び,微小流体要素を図 1.5 に示す連続体として扱える下限の V_0 まで小さくし流速 u が y 方向にのみ変化するとすれば

$$\tau = \mu \frac{du}{dy} \tag{1.3}$$

となる.せん断応力が流速勾配と粘性係数の比で与えられるとするこの関係をニュートンの粘性法則と呼ぶ.

これより,粘性係数 μ は

$$\mu = \tau \bigg/ \frac{du}{dy} \quad [\text{Pa·s}] \tag{1.4}$$

となり,[Pa·s] の次元を持ち,常温の水および空気に対しては

$$\text{水 (20°C)} \quad \mu = 1.00 \times 10^{-3} \quad \text{Pa·s}$$
$$\text{空気 (20°C)} \quad \mu = 1.82 \times 10^{-5} \quad \text{Pa·s}$$

となる.この粘性係数は分子レベルで考えれば分子運動による分子の運動量の交換速度に比例することから気体に対しては温度が上がれば μ は増加する.しかし,液体の場合には分子の結合力が強くその結合力が温度上昇に伴い減少するためこの影響が温度上昇に伴う分子の運動量交換速度の増加に勝ることにより温度が上昇すれば結果的に液体の μ は減少する.

粘性係数 μ を流体密度 ρ で除したものを動粘性係数 ν と呼び拡散係数と同じ $[\text{m}^2/\text{s}]$ の次元を持つ.

1.3 連続体としての流体の扱いと物性

$$\nu = \mu/\rho \quad [\mathrm{m^2/s}] \tag{1.5}$$

式 (1.4) 中の粘性係数 μ がせん断ひずみ速度，つまり，流速勾配によらず一定値をとる流体をニュートン流体と呼び，流速勾配に依存して μ の値が変化するものを非ニュートン流体と呼ぶ．

図 1.7 に示すように，非ニュートン流体には，流れ始める前 ($du/dy = 0$ のとき) にせん断応力を必要とするビンガム流体を含む塑性流体 (スラリー，ペイント，グリース，アスファルトなど)，du/dy が大きくなると μ が大きくなるダイラタント流体 (流砂など)，du/dy が大きくなると μ が小さくなる擬塑性流体 (高分子溶液，ミルク，でん粉のりなど) などがある．

なお，本書では粘性係数 μ が流速勾配 du/dy に依存して変化しない場合 ($\mu = $ 一定) のニュートン流体のみを扱う．

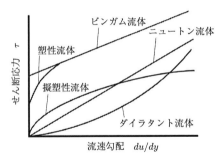

図 1.7 各種流体に対するせん断応力と流速勾配との関係

(3) 表面張力 σ [N/m]

分子間力により縮まろうとする流体の表面 (気液界面) の単位長さあたりに働く引張力を表面張力 σ と呼ぶ (図 1.8)．

雨滴や撥水性の雨傘の上の水滴などに見られる球形の液滴の内部の圧力と外部の圧力との差を Δp として半球部分について考える．内部圧力により半球部分を分断しようとする力は，半球面上における Δp の水平方向成分の半球面に対する積分値として得られる $\pi r^2 \Delta p$ で与えられ，表面張力による半球を接合し球形を保とうとする力は，半球切断面の円周上の σ の積分値である $2\pi r \times \sigma$ で与えられる．液滴が安定した球状を保つ場合には両者が等しくなることから

$$\Delta p = \frac{2\sigma}{r} \quad [\mathrm{N/m^2}] \quad \text{または} \quad \sigma = \frac{\Delta p \, r}{2} \quad [\mathrm{N/m}] \tag{1.6}$$

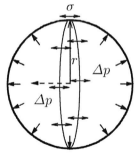
図 1.8 液滴に働く表面張力

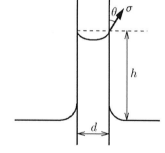
図 1.9 毛管現象

となる.

図 1.9 に示す毛管現象の場合, 内径 d, 高さ h の液柱に働く表面張力による上向きの力と内径 d, 高さ h の液柱に働く重力による下向きの力が釣り合うことから

$$\pi d\sigma \cos\theta = \frac{\pi d^2}{4}\rho g h$$

であり, h は

$$h = \frac{4\sigma \cos\theta}{\rho g d} \tag{1.7}$$

となる.

(4) 体積弾性係数 (圧縮率の逆数) K [Pa]

圧力 p, 容積 V の流体の圧力を図 1.10 のようにピストンを動かすことにより Δp だけ増加させ, 容積が ΔV だけ減少したとする. そのとき, 体積弾性係数 K と圧縮率 β は,

$$K = \lim_{\Delta p \to 0} \frac{\Delta p}{\Delta V/V} = -V\frac{dp}{dV} \quad [\text{Pa}] \tag{1.8}$$

$$\beta = \frac{1}{K} \tag{1.9}$$

で与えられる. なお, 常温・常圧の水および空気に対する体積弾性係数 K は次の

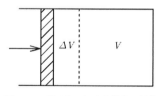
図 1.10 ピストンによる流体の圧縮

演 習 問 題

$$水 \quad K \approx 2.0 \times 10^9 \text{ Pa}$$
$$空気 \quad K \approx 1.4 \times 10^5 \text{ Pa (断熱変化する場合)}$$

演 習 問 題

1.1 容器に入れた流体を容器と一緒に等速で動かす場合に流体中にせん断力が働かないのはなぜか．

1.2 図に示すように気体中において Δy だけ離れた断面積 A を持つ微小体積の上下面の間を運動する分子の運動量の交換速度が上下面に働く力 F に等しいことから，気体の粘性係数 μ は温度上昇によって増加することを説明せよ．

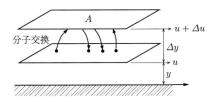

1.3 図 1.7 においてビンガム流体とニュートン流体の違いを流動の観点から述べよ．

1.4 図 1.8 において Δp の水平方向成分の半球面に対する積分値が $\pi r^2 \Delta p$ となることを示せ．

1.5 20°C の水 1 cm^3 を 0.99 cm^3 まで圧縮するのに必要とする圧力は大気圧の何倍であるかを求めよ．

第 2 章　静止流体の力学

本章では流体が静止している場合に成り立つ力学，つまり静止流体中での圧力の分布について述べる．

2.1　静止流体に働く圧力とその定義

1.2 節の流体の定義から静止流体においてはせん断力は作用しないので流体が境界面に及ぼす力 F の方向は図 2.1 に示す任意の境界面に対してつねに直交する．また境界面からは反作用として同じ大きさを持つ力 R を受けることになる．

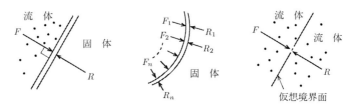

図 2.1　静止流体中の境界面に働く圧力

この面積 A をもつ境界面の単位面積に働く力を圧力と呼び，圧力 p は [Pa] ([N/m^2]) の次元を持ち

$$p = \lim_{\Delta A \to l_0{}^2} \frac{\Delta F}{\Delta A} \quad [\text{Pa}] \tag{2.1}$$

で定義される．

この圧力が方向性を持たないことを示すため図 2.2 に示す静止流体中の微小流体要素について考える．静止流体に働く圧力に方向性があると仮定して

2.1 静止流体に働く圧力とその定義

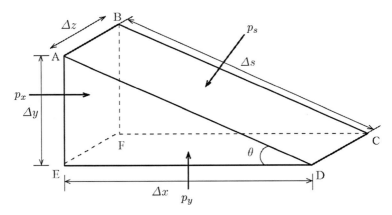

図 2.2 流体中の微小要素に働く力

p_x：ABFE 面に垂直に働く圧力
p_s：ABCD 面に垂直に働く圧力
p_y：EFCD 面に垂直に働く圧力

とする．流体が静止している場合，すべての方向に働く力の合計はゼロであるから x, y 方向の力のバランスは以下の通りである．

⟨x 方向⟩

p_x による x 方向に働く力 $p_x \Delta y \Delta z$

p_s による x 方向に働く力 $-p_s \Delta s \Delta z \dfrac{\Delta y}{\Delta s} = -p_s \Delta y \Delta z$ ($\because \dfrac{\Delta y}{\Delta s} \fallingdotseq \sin\theta$)

両者の力の釣り合いより $p_x \Delta y \Delta z - p_s \Delta y \Delta z = 0$ であるから

$$p_x = p_s \tag{2.2}$$

となる．

⟨y 方向⟩

p_y による鉛直 y 方向に働く力 $p_y \Delta x \Delta z$

p_s による鉛直 y 方向に働く力 $-p_s \Delta s \Delta z \dfrac{\Delta x}{\Delta s} = -p_s \Delta x \Delta z$ ($\because \dfrac{\Delta x}{\Delta s} \fallingdotseq \cos\theta$)

微小要素に働く重力 $-\rho g \dfrac{1}{2} \Delta x \Delta y \Delta z$

これらの力が釣り合うことから

$$p_y \Delta x \Delta z + (-p_s \Delta x \Delta z) + \left(-\rho g \frac{1}{2} \Delta x \Delta y \Delta z\right) = 0$$

となり，三次の微小項 $\Delta x \Delta y \Delta z \ll$ 二次の微小項 $\Delta x \Delta y$ であるから，

$$p_y = p_s \tag{2.3}$$

となる．

よって式 (2.2)，(2.3) より

$$p_s = p_x = p_y \tag{2.4}$$

が得られる．同様にして，図 2.2 の微小流体要素の面 BFC または面 AED を底面として寝かせたものに対して力の釣り合いをとれば $p_s = p_x = p_y = p_z$ が得られる．このことは，静止流体のある点における圧力は，すべての方向に同じ大きさを持つ，つまり，方向性を持たないスカラ量であることを示している．

流体が動いている場合には，流体要素に加速度 α が働き，図 2.2 の微小要素に働く力が $\frac{1}{2}\rho \Delta x \Delta y \Delta z \times \alpha$ となり，この力は上記のようにバランスをとると重力項の場合と同様に $\Delta x \Delta y \Delta z$ の三次の微小項であるので二次の微小項である圧力項に比べて無視できる．したがって，運動をしている流体中でも静止流体の場合と同様に圧力は方向性を持たないことになる．

2.2　重力作用下での流体中の圧力の鉛直方向分布

図 2.3 に示す静止流体中で鉛直方向に置かれた円柱形の微小要素に働く力を考える．円柱上下面の面積を A，そこに働く圧力を p_2, p_1 とし，重力は z の下向きに働くとすると円柱に働く力は以下の通りである．

下面に働く力　　$p_1 A$
上面に働く力　　$p_2 A$
要素に働く重力　$\rho g A(z_2 - z_1)$

これらの鉛直方向に働く力がバランスすることにより液体は静止している．このことから z の上向きを正として

$$p_1 A - p_2 A - \rho g A(z_2 - z_1) = 0$$

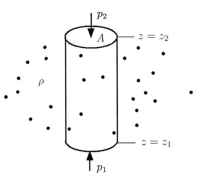

図 2.3 静止流体中で鉛直方向に働く力

となる．よって

$$p_2 - p_1 = -\rho g(z_2 - z_1) \qquad (2.5)$$

となり，圧力は鉛直上向きに z が増加するとともに減少することがわかる．

2.3 同レベルでの圧力の等価性

静止流体中に水平に置かれた微小円柱要素に働く力を考える (図 2.4)．

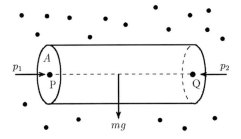

図 2.4 静止流体中で水平方向に働く力

水平方向の力のバランスをとると

$$p_1 A = p_2 A$$

であるから

$$p_1 = p_2 \qquad (2.6)$$

となる.このことは図 2.5 のような連結された容器内の静止流体中の P 点および Q 点に対しても成立する.つまり,図 2.5 で同じレベルにある R 点と S 点での圧力は等しいから

$$p_R = p_S$$

であり,

$$p_R = p_P + \rho g z$$
$$p_S = p_Q + \rho g z$$

であるから

$$p_P + \rho g z = p_Q + \rho g z$$

となる.よって

$$p_P = p_Q$$

となる.

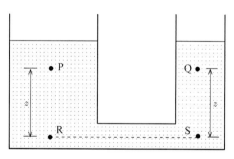

図 2.5 連結された容器中の圧力

2.4 二点間の重力による圧力変化の一般的表現

2.2 節および 2.3 節に示した圧力分布を一般的に表現するため,鉛直方向から θ だけ傾いて置かれた面積 A,長さ Δs を持つ微小円柱要素に働く力について考える (図 2.6).PQ 軸方向に対して力のバランスをとると,

$$pA - (p + \Delta p)A - \rho g A \Delta s \cos\theta = 0$$

である.よって,

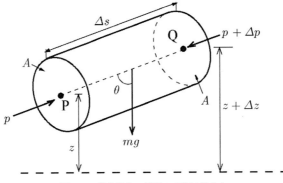

図 2.6 静止流体の任意の方向に働く力

$$\Delta p = -\rho g \Delta s \cos\theta$$

となり，微分形で表すと

$$\frac{dp}{ds} = -\rho g \cos\theta$$

となる．$\theta = \pi/2$ のときは，

$$\left(\frac{dp}{ds}\right)_{\theta=\frac{\pi}{2}} = \frac{\partial p}{\partial x} = \frac{\partial p}{\partial y} = 0 \tag{2.7}$$

となる．ここで，$\frac{dp}{ds} = \frac{\partial p}{\partial x}\frac{dx}{ds} + \frac{\partial p}{\partial y}\frac{dy}{ds} + \frac{\partial p}{\partial z}\frac{dz}{ds}$ であるから x, y 平面上では $\frac{dz}{ds} = 0$ より式 (2.7) が導かれる．

$\theta = 0$ のときは，$\frac{dx}{ds} = \frac{dy}{ds} = 0$ および $\frac{dz}{ds} = 1$ であるから

$$\left(\frac{dp}{ds}\right)_{\theta=0} = \frac{\partial p}{\partial z} = -\rho g$$

となる．

しかも，つねに $\frac{\partial p}{\partial x} = \frac{\partial p}{\partial y} = 0$ であるから $\frac{\partial p}{\partial z} = \frac{dp}{dz}$ となり，

$$\frac{dp}{dz} = -\rho g \tag{2.8}$$

が得られる．式 (2.8) を積分すると

$$p = -\int \rho g\, dz \quad \text{または} \quad p_2 - p_1 = \int_{z_1}^{z_2} \rho g\, dz \tag{2.9}$$

となる．以上の結果をまとめると，重力の働く場での静止流体に対して

(1) 水平面上の圧力はどの場所でも同じ値をとる.
(2) 鉛直方向の圧力変化は $\frac{dp}{dz} = -\rho g$ に従う.

が成立する.

2.5 静止流体中での鉛直方向への圧力変化

2.5.1 一定密度の流体中での高さに対する圧力変化

密度 ρ が一定の場合,式 (2.9) より,

$$p = -\int \rho g\, dz = -\rho g \int dz = -\rho g z + \text{const.}$$

となる.z_1 と z_2 の 2 点に対しては,

$$p_2 - p_1 = -\rho g(z_2 - z_1) \tag{2.10}$$

が成立する.

2.5.2 一定温度のガス中での高度に対する圧力変化

普遍気体定数 $R_0\,(= 8.314\ \text{J/mol·K})$ を気体 1 mol の質量で除した気体定数を $R\,(= 287.0\ \text{J/kg·K})$ とすると,理想気体の状態方程式 $p = \rho RT$ より

$$\frac{dp}{dz} = -\rho g = -\frac{pg}{RT}$$

よって

$$\frac{dp}{p} = -\frac{g}{RT} dz$$

であり,$z = z_1$ で $p = p_1$,$z = z_2$ で $p = p_2$ として積分すると,

$$\log_e(p_2/p_1) = -(g/RT)(z_2 - z_1)$$
$$p_2/p_1 = \exp\left[-(g/RT)(z_2 - z_1)\right] \tag{2.11}$$

を得る.

2.5.3 断熱条件下での圧力と密度の関係

定圧比熱容量 c_p と定容比熱容量 c_v の比を $\kappa\,(= c_\mathrm{p}/c_\mathrm{v})$ とすると,断熱条件下では

$$p/\rho^{\kappa} = 一定 \tag{2.12}$$

となる．理想気体の状態方程式 $p = \rho RT$ から圧力勾配は

$$\frac{dp}{dz} = -\frac{p}{RT}g$$

となるから

$$\frac{dT}{dz} = -\left(\frac{\kappa - 1}{\kappa}\right)\left(\frac{g}{R}\right) \tag{2.13}$$

が得られる．

2.5.4 温度勾配一定の場合の圧力と密度の変化

z 方向の温度変化を

$$T = T_1 - \Delta T(z - z_1)$$

とすると，この式を

$$\frac{dp}{dz} = -\frac{p}{RT}g$$

に代入することにより

$$\frac{dp}{p} = -\left(\frac{g}{R\left(T_1 - \Delta T(z - z_1)\right)}\right)dz$$

が得られる．z_1, z_2 での圧力を p_1, p_2 とすると，

$$p_2/p_1 = \left[1 - \left(\frac{\Delta T}{T_1}\right)(z_2 - z_1)\right]^{g/R\Delta T} \tag{2.14}$$

を得る．また，断熱条件下では理想気体に対して

$$\frac{\rho_2}{\rho_1} = \frac{p_2}{p_1}\frac{T_1}{T_2} = \frac{p_2}{p_1}\frac{T_1}{T_1 - \Delta T(z_2 - z_1)} = \left[1 - \left(\frac{\Delta T}{T_1}\right)(z_2 - z_1)\right]^{(g/R\Delta T)-1} \tag{2.15}$$

の関係が得られる．

2.6 圧力とヘッド

$\rho = $ 一定 の非圧縮性流体に対しては式 (2.8) より

$$\frac{dp}{dz} = -\rho g$$

であるから，これを積分すると，

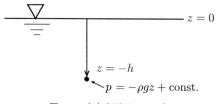

図 2.7 自由表面下での圧力

$$p = -\rho g\, z + \text{const.}$$

となる (図 2.7).

いま，$z = 0$ の水面での圧力が大気圧 p_atm に等しいことから

$$p = \rho g\, h + p_\text{atm} \tag{2.16}$$

となる．この真空状態を基準とした絶対圧力 p から大気圧 p_atm を差し引いた圧力をゲージ圧 (= 絶対圧 − 大気圧) と呼び，このゲージ圧

$$p = \rho g h \tag{2.17}$$

の式中の h を水頭あるいはヘッドと呼ぶ．

標準大気圧 101.325 kPa に相当する 100 kPa ($= 10^5$ Pa) を水および水銀のヘッドに換算すると

$100\text{ kPa} = 10^5\text{ N/m}^2$

→ (水へのヘッド換算)　$h = \dfrac{p}{\rho g} = \dfrac{100 \times 10^3}{1000 \times 9.81} = 10.2\text{ m}$

→ (水銀へのヘッド換算)　$h = \dfrac{p}{\rho g} = \dfrac{100 \times 10^3}{13.6 \times 1000 \times 9.81} = 0.75\text{ m}$

となる．このことは，水中に約 10 m (水銀中であれば約 75 cm) 潜ると我々が日常大気から受けている圧力の倍の圧力を体感できることを示している．

2.7　マノメータによる圧力測定

図 2.8 に示す密度 ρ_1 の流体が管路内を左から右に流れる場合を考える．このときの A 点と B 点の圧力差 $p_A - p_B$ を管路壁の小さな圧力孔につないだ細い U 字管を用いて測定することを考える．U 字管内には密度 ρ_1 の流体とは混ざり合わ

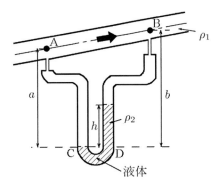

図 2.8 マノメータによる圧力測定

ない密度 ρ_2 の液体を封入する．流体が左から右へ流れる管路内では $p_A > p_B$ であるので密度 ρ_2 の液体の液面差は図 2.8 のようになって静止する．

このとき式 (2.10) の関係を使えば

$$p_C = p_A + \rho_1 g a$$

$$p_D = p_B + \rho_1 g (b - h) + \rho_2 g h$$

であり，C 点と D 点は水平の同レベルにあるから $p_C = p_D$ であり，圧力差 $p_A - p_B$ は

$$p_A - p_B = \rho_1 g (b - a) + h g (\rho_2 - \rho_1)$$

で与えられる．

マノメータによりガスの圧力差を測定する場合には，図 2.9 に示すシリンダー型の U 字管が使用できる．

圧力 p_1 をかけたことによる大シリンダー中の (破線で示す) 水面の平衡レベル ($p_1 = p_2$ のとき) からのずれは，

$$\frac{z \times (\pi/4)d^2}{(\pi/4)D^2} = z\left(\frac{d}{D}\right)^2$$

である．よって，

$$p_1 - p_2 = \rho g \left[z + z(d/D)^2\right] = \rho g z \left[1 + (d/D)^2\right]$$

となる．もし，$D \gg d$ なら

$$p_1 - p_2 = \rho g z$$

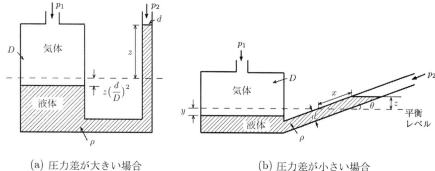

図 2.9 シリンダー型の U 字管による圧力の測定

となり，細いシリンダーの液中高さのみを読み取れば圧力差が求まる．なおガスの圧力差が小さい場合には，細いシリンダー部を図 2.9(b) のように傾ければ $z \gg y$ のとき

$$p_1 - p_2 = \rho g z = \rho g x \sin\theta$$

となり読み取り精度が上がる．

演習問題

2.1 水深 30 m の位置にいる潜水夫に働く圧力を計算せよ．ただし海水の密度を 1025 kg/m^3 とする．

2.2 $z = 11000$ m での大気温度を $-56.6°\text{C}$，圧力を 22.4 kPa とする．このとき，温度一定と仮定して高度 15000 m での空気の密度を求めよ．ただし，$R = 287$ J·kg^{-1}·K^{-1} とする．

2.3 $z = 0$ での大気の温度を 15°C，圧力を 101 kPa とする．断熱変化を仮定して，$z = 1200$ m での大気の T と ρ を求めよ．ただし，$\kappa = 1.4$，$R = 287$ J·kg^{-1}·K^{-1} とする．

2.4 大気の温度変化を 1000 m 上昇するごとに 6.5°C 減少するものとする．もし，海水面レベルでの空気の圧力と密度が 15°C で 101 kPa, 1.235 kg/m^3 である場合，7000 m の高度での p と ρ を求めよ．ただし，$R = 287$ J·kg^{-1}·K^{-1} とする．

第3章 流体運動の支配方程式

本章では流体の運動つまり流体の流速を決定するための支配方程式の導出を行う．

3.1 流体の運動の記述法

流体の運動 (流速) を記述する方法には，質点の運動と同様に運動する流体中の特定の微小流体要素 (流体粒子) に着目して，あるいは流体粒子に乗って，その粒子の速度を記述するラグランジュ (Lagrange) 法と，空間上の固定した一点で，その固定点を通る任意の流体粒子の速度を記述するオイラー (Euler) 法とがある．前者のラグランジュ法は流体粒子に乗って観測しているので，その粒子の経路，加速度を計算するのには便利であるが，ある固定点での流速の平均量を求める場合は，その点を通過する流体粒子を多数個集めてそれらの粒子の速度を平均する必要があり大変不便である．それに対して後者のオイラー法では，空間上の各点で次々と通過する流体粒子の速度を連続して測定することができ，流速などの平均量もすぐに出せる便利さがある．よって本章では固定座標系で流体の運動を観察するオイラー法に基づき流体の支配方程式の導出を行う．

3.2 連続の式 (質量保存則)

図 3.1 の直方体の微小流体要素内に出入りする流体の質量収支について考える．
図 3.1 の微小流体要素の面 ABCD を通って微小時間 Δt の間に流入する流体の質量は

$$\rho u \Delta y \Delta z \Delta t \tag{3.1}$$

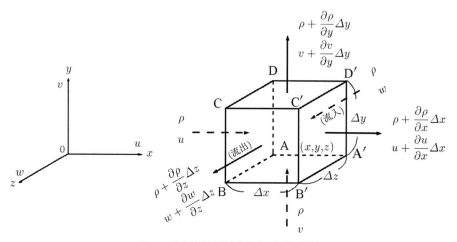

図 3.1 微小流体要素を出入する流体の質量

となる.また,x 方向への一次の微小変化を考慮すると,面 A′B′C′D′ を通って微小時間 Δt の間に流出する流体の質量は

$$\left(\rho + \frac{\partial \rho}{\partial x}\Delta x\right)\left(u + \frac{\partial u}{\partial x}\Delta x\right)\Delta y \Delta z \Delta t \tag{3.2}$$

であるから,式 (3.1) から式 (3.2) を差し引いた次式が Δt 時間内に微小流体要素の中に蓄えられる質量を表す.

$$\rho u \Delta y \Delta z \Delta t - \left(\rho + \frac{\partial \rho}{\partial x}\Delta x\right)\left(u + \frac{\partial u}{\partial x}\Delta x\right)\Delta y \Delta z \Delta t$$
$$= -\left[\rho \frac{\partial u}{\partial x}\Delta x + u\frac{\partial \rho}{\partial x}\Delta x + \left(\frac{\partial \rho}{\partial x}\right)\left(\frac{\partial u}{\partial x}\right)(\Delta x)^2\right]\Delta y \Delta z \Delta t$$
$$= -\left(\rho \frac{\partial u}{\partial x} + u\frac{\partial \rho}{\partial x}\right)\Delta x \Delta y \Delta z \Delta t$$
$$= -\frac{\partial (\rho u)}{\partial x}\Delta x \Delta y \Delta z \Delta t \tag{3.3}$$

ここで,Δx, Δy, Δz, Δt は十分に小さいので五次の微小項 $(\Delta x)^2 \Delta y \Delta z \Delta t$ は四次の微小項 $\Delta x \Delta y \Delta z \Delta t$ に比べて小さいとして省略した.

式 (3.3) の導出と同様に,面 ABB′A′ と面 DCC′D′ の間の収支より,

$$-\frac{\partial (\rho v)}{\partial y}\Delta x \Delta y \Delta z \Delta t \tag{3.4}$$

が得られ,面 ADD′A′ と面 BCC′B′ の間の収支より,

3.2 連続の式 (質量保存則)

$$-\frac{\partial(\rho w)}{\partial z}\Delta x \Delta y \Delta z \Delta t \tag{3.5}$$

が得られるから式 (3.3)，(3.4)，(3.5) を合計したものが微小体積の中での Δt 時間内の全体の質量の蓄積量

$$-\left[\frac{\partial(\rho u)}{\partial x}+\frac{\partial(\rho v)}{\partial y}+\frac{\partial(\rho w)}{\partial z}\right]\Delta x \Delta y \Delta z \Delta t \tag{3.6}$$

となる．

いっぽう，微小要素内の質量の変化を時間の観点から考えると $t=t$ における微小要素内の質量を

$$\rho \Delta x \Delta y \Delta z \tag{3.7}$$

とすると，Δt 時間が経過した $t=t+\Delta t$ においては微小要素内の質量は

$$\rho \Delta x \Delta y \Delta z + \frac{\partial(\rho \Delta x \Delta y \Delta z)}{\partial t}\Delta t \tag{3.8}$$

となり，Δt 時間に増加 (変化) した質量は，式 (3.8) と式 (3.7) の差から

$$\frac{\partial(\rho \Delta x \Delta y \Delta z)}{\partial t}\Delta t \tag{3.9}$$

となる．Δt 時間内の微小体積の中の質量収支を表す式 (3.6) と Δt の間の時間変化を表す式 (3.9) は当然等しいことから

$$\frac{\partial(\rho \Delta x \Delta y \Delta z)}{\partial t}\Delta t = -\left[\frac{\partial(\rho u)}{\partial x}+\frac{\partial(\rho v)}{\partial y}+\frac{\partial(\rho w)}{\partial z}\right]\Delta x \Delta y \Delta z \Delta t \tag{3.10}$$

となる．また，$\Delta x \Delta y \Delta z \Delta t$ は定数として扱えるから，両辺をこれで割ると，

$$\frac{\partial \rho}{\partial t}+\frac{\partial(\rho u)}{\partial x}+\frac{\partial(\rho v)}{\partial y}+\frac{\partial(\rho w)}{\partial z}=0 \quad \left(\frac{\partial \rho}{\partial t}+\frac{\partial(\rho u_i)}{\partial x_i}=0\right) \tag{3.11}$$

が得られる．この質量収支から得られた式を「連続の式」と呼び，ρ が変化する圧縮性流体に対しても成り立つ．なお，カッコ内の式は総和規約を用いて簡略表現した式である．ここで総和規約とは，一つの項 $\left(\frac{\partial(\rho u_i)}{\partial x_i}\right)$ の中に同じ添え字 (i) が含まれるときには i を 1，2，3 と変化させたときの総和を示すことを意味する．

〈非圧縮性流体〉

$\rho = $ 一定 の非圧縮性流体の場合には式 (3.11) より，

$$\frac{\partial u}{\partial x}+\frac{\partial v}{\partial y}+\frac{\partial w}{\partial z}=0 \tag{3.12}$$

となり，この式が非圧縮性流体に対する連続の式となる．

〈連続の式のベクトル表現〉
式 (3.11) をベクトル表示すると

$$\frac{\partial \rho}{\partial t} + \mathrm{div}\, \rho\, \boldsymbol{u} = 0 \tag{3.13}$$

となる．

〈他の座標系で表現〉
直交座標 (x,y,z) 以外の座標系に対して連続の式は以下のように表される．
円柱座標 (r,θ,z) に対しては

$$\frac{\partial \rho}{\partial t} + \frac{1}{r}\frac{\partial}{\partial r}(\rho r v_r) + \frac{1}{r}\frac{\partial}{\partial \theta}(\rho v_\theta) + \frac{\partial}{\partial z}(\rho v_z) = 0 \tag{3.14}$$

球座標 (r,θ,ϕ) に対しては

$$\frac{\partial \rho}{\partial t} + \frac{1}{r^2}\frac{\partial}{\partial r}(\rho r^2 v_r) + \frac{1}{r\sin\theta}\frac{\partial}{\partial \theta}(\rho v_\theta \sin\theta) + \frac{1}{r\sin\theta}\frac{\partial}{\partial \phi}(\rho v_\phi) = 0 \tag{3.15}$$

となる．

3.3　運動方程式 (力の釣り合い式)

微小流体要素に働く力の釣り合いを表す式が流体の流速を決定する運動方程式であり，別名，ナビエ・ストークス式 (Navier–Stokes equation) とも呼ばれる．

いま図 3.2 に示すように時間 t に P 点にあった微小流体要素 (流体粒子) が微小時間 Δt の経過後にわずかに離れた Q 点に動いたとする．P 点における流体粒子の x 方向の流速 u は時間 t と位置 (x,y,z) の関数

$$u = f(t,x,y,z) \tag{3.16}$$

であるから，Δt 時間後に動いた Q 点での x 方向の流速 u' は $t+\Delta t$, $x'(=x+u\Delta t)$, $y'(=y+v\Delta t)$, $z'(=z+w\Delta t)$ の関数

$$u' = f[\,t+\Delta t,\, x'(=x+u\Delta t),\, y'(=y+v\Delta t),\, z'(=z+w\Delta t)\,] \tag{3.17}$$

となる．いっぽう，$x=0$ の周りでの関数 $f(x)$ のテーラー展開 (Taylor expansion)

3.3 運動方程式 (力の釣り合い式)

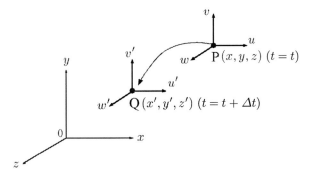

図 **3.2** 微小流体要素 (流体粒子) の運動

$$f(x) = f(0) + \frac{f'(0)}{1!}x + \frac{f''(0)}{2!}x^2 + \cdots + \frac{f^{(n)}(0)}{n!}x^n + \cdots$$

を式 (3.16) に適用して u を P 点の周りでテーラー展開し，二次以上の微小項 ($\Delta t, \Delta x, \Delta y, \Delta z$ の内の 2 個以上の積を含む項) を省略すると

$$u' = u + \frac{\partial u}{\partial t}\Delta t + \frac{\partial u}{\partial x}u\Delta t + \frac{\partial u}{\partial y}v\Delta t + \frac{\partial u}{\partial z}w\Delta t \tag{3.18}$$

が得られる．ここで $u\Delta t = \Delta x$, $v\Delta t = \Delta y$, $w\Delta t = \Delta z$ である．同様にして，Q 点での y, z 方向の流速 v', w' に対しても

$$v' = v + \frac{\partial v}{\partial t}\Delta t + \frac{\partial v}{\partial x}u\Delta t + \frac{\partial v}{\partial y}v\Delta t + \frac{\partial v}{\partial z}w\Delta t \tag{3.19}$$

$$w' = w + \frac{\partial w}{\partial t}\Delta t + \frac{\partial w}{\partial x}u\Delta t + \frac{\partial w}{\partial y}v\Delta t + \frac{\partial w}{\partial z}w\Delta t \tag{3.20}$$

が得られる．よって x, y, z 方向の Δt 時間の間における流速の変化は

$$\begin{aligned}\Delta u &= u' - u \\ \Delta v &= v' - v \\ \Delta w &= w' - w\end{aligned} \tag{3.21}$$

となり，加速度は

$$a_x = \lim_{\Delta t \to 0}\left(\frac{\Delta u}{\Delta t}\right) = \frac{\partial u}{\partial t} + u\frac{\partial u}{\partial x} + v\frac{\partial u}{\partial y} + w\frac{\partial u}{\partial z} \tag{3.22}$$

$$a_y = \lim_{\Delta t \to 0}\left(\frac{\Delta v}{\Delta t}\right) = \frac{\partial v}{\partial t} + u\frac{\partial v}{\partial x} + v\frac{\partial v}{\partial y} + w\frac{\partial v}{\partial z} \tag{3.23}$$

$$a_z = \lim_{\Delta t \to 0}\left(\frac{\Delta w}{\Delta t}\right) = \frac{\partial w}{\partial t} + u\frac{\partial w}{\partial x} + v\frac{\partial w}{\partial y} + w\frac{\partial w}{\partial z} \tag{3.24}$$

で与えられる．P 点から Q 点に動く流体粒子に乗って流体粒子の加速度を見ると，つまり，実質的な加速度を考える場合は，位置を気にせず流体粒子の流速の時間変化 $\frac{D}{Dt}$ のみを考えればよいから，実質微分演算子

$$\frac{D}{Dt} = \frac{\partial}{\partial t} + u\frac{\partial}{\partial x} + v\frac{\partial}{\partial y} + w\frac{\partial}{\partial z} \tag{3.25}$$

を用いて表すと

$$a_x = \frac{Du}{Dt}, \quad a_y = \frac{Dv}{Dt}, \quad a_z = \frac{Dw}{Dt} \tag{3.26}$$

となる．つまり，流体粒子に乗った状態で粒子の加速を見る場合には粒子の流速の時間変化を単純に考えればよいが，固定座標系で見た場合には式 (3.22)～(3.24) のように式 (3.25) の右辺に示す時間と位置に関する偏微分を用いた表現になる．

以上のことから流体粒子に働く i 方向の力 F_i は，ニュートンの第 2 法則より流体粒子の質量を m とすると

$$ma_i = F_i \tag{3.27}$$

であるから流体の運動を記述するためにはこの F_i を決定しなければならない．

図 3.3 の微小流体要素 (流体粒子) に対して周囲の流体が与える応力の釣り合いを考える．流体要素は小さくその中での流速勾配の逆転はないので相対する面でのせん断応力は逆向きになり，この要素に働くすべての力を書き出すと図 3.3 の

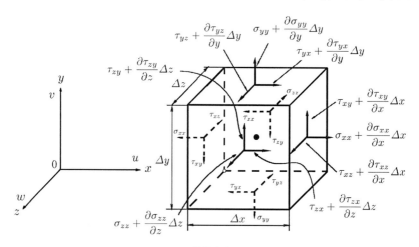

図 3.3 微小流体要素に働く応力

3.3 運動方程式 (力の釣り合い式)

中に示すようになる.

i 軸に垂直な平面上に i 方向に働く法線応力を σ_{ii}, i 軸に垂直な平面上で j 方向に働くせん断応力を τ_{ij} とすると表 3.1 に示す 9 個の応力が存在する.

表 3.1 微小流体要素に働く応力の表記

	x 軸に垂直な平面	y 軸に垂直な平面	z 軸に垂直な平面
x 方向	σ_{xx}	τ_{yx}	τ_{zx}
y 方向	τ_{xy}	σ_{yy}	τ_{zy}
z 方向	τ_{xz}	τ_{yz}	σ_{zz}

$\}$ 9 つの応力

静止流体中ではせん断力は存在せず圧力のみが働くから $\tau_{ij} = 0$, $\sigma_{ii} = -p$ となる.

よって, i 軸に垂直な平面上で i 方向に働く法線応力 σ_{ii} は粘性により生じる応力 τ_{ii} と周囲の流体から受ける圧力 $-p$ との和で与えられる. なお, 圧力は微小要素が圧縮される場合は負となり, 引張される場合は正となる.

$$\begin{aligned} \sigma_{xx} &= \tau_{xx} - p \\ \sigma_{yy} &= \tau_{yy} - p \\ \sigma_{zz} &= \tau_{zz} - p \end{aligned} \tag{3.28}$$

また, 微小流体要素に, 図 3.3 で示した応力の他に重力などの体積力 (外力) F_i が働く場合は, その外力の加速度成分を α_x, α_y, α_z とすると, x, y, z 方向の力のバランス式は

(x 方向)

$$\begin{aligned} &\left[\left(\sigma_{xx} + \frac{\partial \sigma_{xx}}{\partial x}\Delta x\right) - \sigma_{xx}\right]\Delta y \Delta z + \left[\left(\tau_{yx} + \frac{\partial \tau_{yx}}{\partial y}\Delta y\right) - \tau_{yx}\right]\Delta x \Delta z \\ &+ \left[\left(\tau_{zx} + \frac{\partial \tau_{zx}}{\partial z}\Delta z\right) - \tau_{zx}\right]\Delta x \Delta y + \rho \Delta x \Delta y \Delta z\, \alpha_x = \rho \Delta x \Delta y \Delta z\, a_x \end{aligned} \tag{3.29}$$

(y 方向)

$$\begin{aligned} &\left[\left(\sigma_{yy} + \frac{\partial \sigma_{yy}}{\partial y}\Delta y\right) - \sigma_{yy}\right]\Delta x \Delta z + \left[\left(\tau_{xy} + \frac{\partial \tau_{xy}}{\partial x}\Delta x\right) - \tau_{xy}\right]\Delta y \Delta z \\ &+ \left[\left(\tau_{zy} + \frac{\partial \tau_{zy}}{\partial z}\Delta z\right) - \tau_{zy}\right]\Delta x \Delta y + \rho \Delta x \Delta y \Delta z\, \alpha_y = \rho \Delta x \Delta y \Delta z\, a_y \end{aligned} \tag{3.30}$$

(z 方向)
$$\left[\left(\sigma_{zz} + \frac{\partial \sigma_{zz}}{\partial z}\Delta z\right) - \sigma_{zz}\right]\Delta x \Delta y + \left[\left(\tau_{xz} + \frac{\partial \tau_{xz}}{\partial x}\Delta x\right) - \tau_{xz}\right]\Delta y \Delta z$$
$$+ \left[\left(\tau_{yz} + \frac{\partial \tau_{yz}}{\partial y}\Delta y\right) - \tau_{yz}\right]\Delta x \Delta z + \rho \Delta x \Delta y \Delta z\, \alpha_z = \rho \Delta x \Delta y \Delta z a_z \quad (3.31)$$

となる．式 (3.29)〜(3.31) を $\Delta x \Delta y \Delta z$ で割ると

$$\rho a_x = \rho \frac{Du}{Dt} = \left(\frac{\partial \sigma_{xx}}{\partial x} + \frac{\partial \tau_{yx}}{\partial y} + \frac{\partial \tau_{zx}}{\partial z}\right) + \rho\, \alpha_x \quad (3.32)$$

$$\rho a_y = \rho \frac{Dv}{Dt} = \left(\frac{\partial \sigma_{yy}}{\partial y} + \frac{\partial \tau_{xy}}{\partial x} + \frac{\partial \tau_{zy}}{\partial z}\right) + \rho\, \alpha_y \quad (3.33)$$

$$\rho a_z = \rho \frac{Dw}{Dt} = \left(\frac{\partial \sigma_{zz}}{\partial z} + \frac{\partial \tau_{xz}}{\partial x} + \frac{\partial \tau_{yz}}{\partial y}\right) + \rho\, \alpha_z \quad (3.34)$$

が得られる．さらに式 (3.28) を式 (3.32)〜(3.34) に代入すると

$$\rho \frac{Du}{Dt} = -\frac{\partial p}{\partial x} + \rho\, \alpha_x + \left(\frac{\partial \tau_{xx}}{\partial x} + \frac{\partial \tau_{yx}}{\partial y} + \frac{\partial \tau_{zx}}{\partial z}\right) \quad (3.35)$$

$$\rho \frac{Dv}{Dt} = -\frac{\partial p}{\partial y} + \rho\, \alpha_y + \left(\frac{\partial \tau_{xy}}{\partial x} + \frac{\partial \tau_{yy}}{\partial y} + \frac{\partial \tau_{zy}}{\partial z}\right) \quad (3.36)$$

$$\rho \frac{Dw}{Dt} = -\frac{\partial p}{\partial z} + \rho\, \alpha_z + \left(\frac{\partial \tau_{xz}}{\partial x} + \frac{\partial \tau_{yz}}{\partial y} + \frac{\partial \tau_{zz}}{\partial z}\right) \quad (3.37)$$

となる．

次に図 3.3 に示す微小流体要素において力のモーメントの釣り合い (角運動量保存) を考える．微小流体要素の中心 (●) を通る z 軸に平行な軸の周りの回転を考え，その角速度 ω_z の時間変化である角加速度を $\dot{\omega}_z$ とし，流体要素の慣性モーメントを ΔI_z とすると微小流体要素の z 軸に関する角運動量の時間変化はせん断力によるモーメントに等しいことから，せん断力の微小変化項を無視すると

$$\dot{\omega}_z \Delta I_z = (\tau_{xy}\Delta y \Delta z)\Delta x - (\tau_{yx}\Delta x \Delta z)\Delta y$$

となる．慣性モーメントは $\Delta I_z \propto \rho \Delta x \Delta y \Delta z (\Delta x^2 + \Delta y^2)$ のように五次の微小項であるから無視することができ

$$(\tau_{xy}\Delta y \Delta z)\Delta x - (\tau_{yx}\Delta x \Delta z)\Delta y = 0 \quad (3.38)$$

を得る．同様に，x，y 軸に平行な要素中心軸に関する回転を考えると最終的に

$$\tau_{xy} = \tau_{yx}, \quad \tau_{yz} = \tau_{zy}, \quad \tau_{zx} = \tau_{xz} \quad (3.39)$$

となる. 式 (3.39) を式 (3.35)〜(3.37) に代入して総和規約を用いて簡略化した表現にすると,

$$\rho \frac{Du_i}{Dt} = \rho \alpha_i - \frac{\partial p}{\partial x_i} + \frac{\partial \tau_{ij}}{\partial x_j} \tag{3.40}$$

となる. この式 (3.40) には τ_{ij} という粘性に起因する応力が含まれるため流速を決める運動方程式とするためには τ_{ij} を流速を用いて表さなければならない.

ニュートン流体に対してせん断応力 τ_{ij} は式 (1.3) より粘性係数と流速勾配の積で与えられること，および図 3.3 に示す微小流体要素に働くせん断応力 τ_{xy} は $\frac{\partial v}{\partial x}$ に, τ_{yx} は $\frac{\partial u}{\partial y}$ に比例することから式 (3.39) 中の τ_{xy} は二つの応力の和に等しい応力を受けて変形しようとするから

$$\tau_{xy} = \tau_{yx} = \mu \left(\frac{\partial u}{\partial y} + \frac{\partial v}{\partial x} \right) \tag{3.41}$$

となる. 同様に考えれば

$$\tau_{yz} = \tau_{zy} = \mu \left(\frac{\partial v}{\partial z} + \frac{\partial w}{\partial y} \right) \tag{3.42}$$

$$\tau_{zx} = \tau_{xz} = \mu \left(\frac{\partial w}{\partial x} + \frac{\partial u}{\partial z} \right) \tag{3.43}$$

となる.

次に法線応力 σ_{ii} の中の粘性に起因する応力 τ_{ii} を，弾性力学の中で使用される等方性の線形均質弾性体に対する一般化されたフック (Hooke) の法則と相似的に考えて表すことにする. 三次元応力問題に対して，等方性の線形弾性体に働く x 方向の応力 Σ_x は

$$\Sigma_x = 2G\varepsilon_x + \frac{2G\eta}{1-2\eta} (\varepsilon_x + \varepsilon_y + \varepsilon_z) \tag{3.44}$$

G：せん断弾性率

η：ポアソン比

ε_i：i 方向ひずみ

で与えられる. 流体も弾性体と同じ連続体であると考え, 粘性係数 μ が G に相当するとすれば, 流体の x, y, z 方向のひずみは

$$\varepsilon_x = \frac{\partial u}{\partial x}, \quad \varepsilon_y = \frac{\partial v}{\partial y}, \quad \varepsilon_z = \frac{\partial w}{\partial z} \tag{3.45}$$

に対応し, G を μ に置き換えると粘性に起因する法線応力 τ_{xx} は式 (3.44) の Σ_x

に対応することから,

$$\tau_{xx} = 2\mu \left(\frac{\partial u}{\partial x}\right) + \lambda \left(\frac{\partial u}{\partial x} + \frac{\partial v}{\partial y} + \frac{\partial w}{\partial z}\right) \tag{3.46}$$

となる．同様にして y, z 方向の粘性に起因する法線応力に対しても

$$\tau_{yy} = 2\mu \left(\frac{\partial v}{\partial y}\right) + \lambda \left(\frac{\partial u}{\partial x} + \frac{\partial v}{\partial y} + \frac{\partial w}{\partial z}\right) \tag{3.47}$$

$$\tau_{zz} = 2\mu \left(\frac{\partial w}{\partial z}\right) + \lambda \left(\frac{\partial u}{\partial x} + \frac{\partial v}{\partial y} + \frac{\partial w}{\partial z}\right) \tag{3.48}$$

が得られる．

非圧縮性流体に対しては式 (3.12) より式 (3.46)〜(3.48) の右辺第 2 項のカッコ内の値が常に 0 となるから，λ の値は任意であり，$\lambda = 0$ としてよい．したがって,

$$\tau_{xx} = 2\mu \left(\frac{\partial u}{\partial x}\right) \tag{3.49}$$

$$\tau_{yy} = 2\mu \left(\frac{\partial v}{\partial y}\right) \tag{3.50}$$

$$\tau_{zz} = 2\mu \left(\frac{\partial w}{\partial z}\right) \tag{3.51}$$

となる．

圧縮性流体の場合には，第 2 粘性係数に相当する λ を実験的に決定しなければならない．3 方向の粘性に起因する法線応力の平均値は

$$\frac{\tau_{xx} + \tau_{yy} + \tau_{zz}}{3} = \left(\frac{2\mu + 3\lambda}{3}\right)\left(\frac{\partial u}{\partial x} + \frac{\partial v}{\partial y} + \frac{\partial w}{\partial z}\right) \tag{3.52}$$

となる．いま，式 (3.28) で示す圧力を含む全法線応力 σ_{ii} を考えるとき，3 方向の σ_{ii} の平均値 $\bar{\sigma}$ は

$$\bar{\sigma} = \frac{1}{3}(\sigma_{xx} + \sigma_{yy} + \sigma_{zz}) = -p + \left(\lambda + \frac{2}{3}\mu\right)\left(\frac{\partial u}{\partial x} + \frac{\partial v}{\partial y} + \frac{\partial w}{\partial z}\right) \tag{3.53}$$

となる．

図 3.4 に示すように平均応力 $\bar{\sigma}$ で流体を圧縮して破線で示すように収縮させたとすると，その時の仕事量は加えた法線応力に比例するから

$$仕事量 \propto \bar{\sigma} = -p + \underbrace{\left(\lambda + \frac{2}{3}\mu\right)\left(\frac{\partial u}{\partial x} + \frac{\partial v}{\partial y} + \frac{\partial w}{\partial z}\right)}_{粘性消散}$$

となる．この $\bar{\sigma}$ の右辺第 2 項は粘性消散，つまり運動エネルギーが熱に変化する，

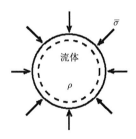

図 3.4 流体の圧縮

もとには戻らない不可逆な変化を示す項になる.

しかし，この不可逆な粘性消散項 $(\lambda + \frac{2}{3}\mu)(\frac{\partial u}{\partial x} + \frac{\partial v}{\partial y} + \frac{\partial w}{\partial z})$ は p に比べて通常非常に小さく，実際に等温系では圧縮した流体は圧力を解放するともとの状態に戻る．つまり，この可逆的な変化は，近似的に粘性消散が無視できることを示しており

$$\lambda + \frac{2}{3}\mu = 0 \qquad \left(\lambda = -\frac{2}{3}\mu\right) \tag{3.54}$$

と置ける．

以上，式 (3.46)～(3.48), (3.54) を式 (3.40) に代入して運動方程式を書き直すと，

$$\rho \frac{Du_i}{Dt} = \rho\,\alpha_i - \frac{\partial p}{\partial x_i} + \frac{\partial \tau_{ij}}{\partial x_j} \tag{3.55}$$

$$\tau_{ij} = \mu\left(\frac{\partial u_i}{\partial x_j} + \frac{\partial u_j}{\partial x_i}\right) - \frac{2}{3}\mu\,\delta_{ij}\frac{\partial u_i}{\partial x_i} \tag{3.56}$$

δ_{ij}：クロネッカーのデルタ

となる．非圧縮性 ($\rho = $ 一定) のニュートン流体 ($\mu = $ 一定) の場合は式 (3.55) は

$$\rho\frac{Du_i}{Dt} = \rho\alpha_i - \frac{\partial p}{\partial x_i} + \mu\frac{\partial^2 u_i}{\partial x_i^2} \tag{3.57}$$

となり，ベクトル表示すると外力ベクトルを $\boldsymbol{F}$ として

$$\rho\frac{D\boldsymbol{u}}{Dt} = \boldsymbol{F} - \nabla p + \nabla \cdot \tau \tag{3.58}$$

となる．また，他の座標系での表現をも含めて本書で扱う非圧縮性ニュートン流体に対する連続の式と運動方程式を書き直すと次のようになる．

〈直交座標系 (x, y, z)〉

x, y, z 方向の流速を u, v, w とすると非圧縮性のニュートン流体に対して以

下の連続の式および運動方程式を得る.

(連続の式)
$$\frac{\partial u}{\partial x} + \frac{\partial v}{\partial y} + \frac{\partial w}{\partial z} = 0 \tag{3.59}$$

(運動方程式)

(x 方向)
$$\rho\left(\frac{\partial u}{\partial t} + u\frac{\partial u}{\partial x} + v\frac{\partial u}{\partial y} + w\frac{\partial u}{\partial z}\right)$$
$$= -\frac{\partial p}{\partial x} + \mu\left(\frac{\partial^2 u}{\partial x^2} + \frac{\partial^2 u}{\partial y^2} + \frac{\partial^2 u}{\partial z^2}\right) + \rho\alpha_x \tag{3.60}$$

(y 方向)
$$\rho\left(\frac{\partial v}{\partial t} + u\frac{\partial v}{\partial x} + v\frac{\partial v}{\partial y} + w\frac{\partial v}{\partial z}\right)$$
$$= -\frac{\partial p}{\partial y} + \mu\left(\frac{\partial^2 v}{\partial x^2} + \frac{\partial^2 v}{\partial y^2} + \frac{\partial^2 v}{\partial z^2}\right) + \rho\alpha_y \tag{3.61}$$

(z 方向)
$$\rho\left(\frac{\partial w}{\partial t} + u\frac{\partial w}{\partial x} + v\frac{\partial w}{\partial y} + w\frac{\partial w}{\partial z}\right)$$
$$= -\frac{\partial p}{\partial z} + \mu\left(\frac{\partial^2 w}{\partial x^2} + \frac{\partial^2 w}{\partial y^2} + \frac{\partial^2 w}{\partial z^2}\right) + \rho\alpha_z \tag{3.62}$$

〈円柱座標系 (r, θ, z)〉

r, θ, z 方向の流速を v_r, v_θ, v_z とすると非圧縮性のニュートン流体に対して以下の連続の式および運動方程式を得る.

(連続の式)
$$\frac{1}{r}\frac{\partial}{\partial r}(rv_r) + \frac{1}{r}\frac{\partial v_\theta}{\partial \theta} + \frac{\partial v_z}{\partial z} = 0 \tag{3.63}$$

(運動方程式)

(r 方向)
$$\rho\left(\frac{\partial v_r}{\partial t} + v_r\frac{\partial v_r}{\partial r} + \frac{v_\theta}{r}\frac{\partial v_r}{\partial \theta} - \frac{v_\theta^2}{r} + v_z\frac{\partial v_r}{\partial z}\right)$$
$$= -\frac{\partial p}{\partial r} + \mu\left[\frac{\partial}{\partial r}\left(\frac{1}{r}\frac{\partial}{\partial r}(rv_r)\right) + \frac{1}{r^2}\frac{\partial^2 v_r}{\partial \theta^2} - \frac{2}{r^2}\frac{\partial v_\theta}{\partial \theta} + \frac{\partial^2 v_r}{\partial z^2}\right] + \rho\alpha_r \tag{3.64}$$

(θ 方向)
$$\rho\left(\frac{\partial v_\theta}{\partial t} + v_r\frac{\partial v_\theta}{\partial r} + \frac{v_\theta}{r}\frac{\partial v_\theta}{\partial \theta} + \frac{v_r v_\theta}{r} + v_z\frac{\partial v_\theta}{\partial z}\right)$$
$$= -\frac{1}{r}\frac{\partial p}{\partial \theta} + \mu\left[\frac{\partial}{\partial r}\left(\frac{1}{r}\frac{\partial}{\partial r}(rv_\theta)\right) + \frac{1}{r^2}\frac{\partial^2 v_\theta}{\partial \theta^2} + \frac{2}{r^2}\frac{\partial v_r}{\partial \theta} + \frac{\partial^2 v_\theta}{\partial z^2}\right] + \rho\alpha_\theta \tag{3.65}$$

(z 方向) $\quad \rho \left(\dfrac{\partial v_z}{\partial t} + v_r \dfrac{\partial v_z}{\partial r} + \dfrac{v_\theta}{r} \dfrac{\partial v_z}{\partial \theta} + v_z \dfrac{\partial v_z}{\partial z} \right)$

$\qquad = -\dfrac{\partial p}{\partial z} + \mu \left[\dfrac{1}{r} \dfrac{\partial}{\partial r} \left(r \dfrac{\partial v_z}{\partial r} \right) + \dfrac{1}{r^2} \dfrac{\partial^2 v_z}{\partial \theta^2} + \dfrac{\partial^2 v_z}{\partial z^2} \right] + \rho \alpha_z \qquad (3.66)$

〈球座標系 (r, θ, ϕ)〉

r, θ, ϕ 方向の流速を v_r, v_θ, v_ϕ とすると非圧縮性のニュートン流体に対して以下の連続の式および運動方程式を得る.

(連続の式)

$$\dfrac{1}{r^2} \dfrac{\partial}{\partial r}(r^2 v_r) + \dfrac{1}{r \sin \theta} \dfrac{\partial}{\partial \theta}(v_\theta \sin \theta) + \dfrac{1}{r \sin \theta} \dfrac{\partial v_\phi}{\partial \phi} = 0 \qquad (3.67)$$

(運動方程式)

(r 方向)

$\rho \left(\dfrac{\partial v_r}{\partial t} + v_r \dfrac{\partial v_r}{\partial r} + \dfrac{v_\theta}{r} \dfrac{\partial v_r}{\partial \theta} + \dfrac{v_\phi}{r \sin \theta} \dfrac{\partial v_r}{\partial \phi} - \dfrac{v_\theta^2 + v_\phi^2}{r} \right)$

$= -\dfrac{\partial p}{\partial r} + \mu \left[\dfrac{1}{r^2} \dfrac{\partial^2}{\partial r^2}(r^2 v_r) + \dfrac{1}{r^2 \sin \theta} \dfrac{\partial}{\partial \theta} \left(\sin \theta \dfrac{\partial v_r}{\partial \theta} \right) + \dfrac{1}{r^2 \sin^2 \theta} \dfrac{\partial^2 v_r}{\partial \phi^2} \right] + \rho \alpha_r$
$\qquad\qquad\qquad\qquad\qquad\qquad\qquad\qquad\qquad\qquad\qquad\qquad\qquad (3.68)$

(θ 方向) $\quad \rho \left(\dfrac{\partial v_\theta}{\partial t} + v_r \dfrac{\partial v_\theta}{\partial r} + \dfrac{v_\theta}{r} \dfrac{\partial v_\theta}{\partial \theta} + \dfrac{v_\phi}{r \sin \theta} \dfrac{\partial v_\theta}{\partial \phi} + \dfrac{v_r v_\theta}{r} - \dfrac{v_\phi^2 \cot \theta}{r} \right)$

$\qquad = -\dfrac{1}{r} \dfrac{\partial p}{\partial \theta} + \mu \left[\dfrac{1}{r^2} \dfrac{\partial}{\partial r} \left(r^2 \dfrac{\partial v_\theta}{\partial r} \right) + \dfrac{1}{r^2} \dfrac{\partial}{\partial \theta} \left(\dfrac{1}{\sin \theta} \dfrac{\partial}{\partial \theta}(v_\theta \sin \theta) \right) \right.$

$\qquad \left. + \dfrac{1}{r^2 \sin^2 \theta} \dfrac{\partial^2 v_\theta}{\partial \phi^2} + \dfrac{2}{r^2} \dfrac{\partial v_r}{\partial \theta} - \dfrac{2 \cos \theta}{r^2 \sin^2 \theta} \dfrac{\partial v_\phi}{\partial \phi} \right] + \rho \alpha_\theta \qquad (3.69)$

(ϕ 方向) $\quad \rho \left(\dfrac{\partial v_\phi}{\partial t} + v_r \dfrac{\partial v_\phi}{\partial r} + \dfrac{v_\theta}{r} \dfrac{\partial v_\phi}{\partial \theta} + \dfrac{v_\phi}{r \sin \theta} \dfrac{\partial v_\phi}{\partial \phi} + \dfrac{v_\phi v_r}{r} + \dfrac{v_\theta v_\phi}{r} \cot \theta \right)$

$\qquad = -\dfrac{1}{r \sin \theta} \dfrac{\partial p}{\partial \phi} + \mu \left[\dfrac{1}{r^2} \dfrac{\partial}{\partial r} \left(r^2 \dfrac{\partial v_\phi}{\partial r} \right) + \dfrac{1}{r^2} \dfrac{\partial}{\partial \theta} \left(\dfrac{1}{\sin \theta} \dfrac{\partial}{\partial \theta}(v_\phi \sin \theta) \right) \right.$

$\qquad \left. + \dfrac{1}{r^2 \sin^2 \theta} \dfrac{\partial^2 v_\phi}{\partial \phi^2} + \dfrac{2}{r^2 \sin \theta} \dfrac{\partial v_r}{\partial \phi} + \dfrac{2 \cos \theta}{r^2 \sin^2 \theta} \dfrac{\partial v_\theta}{\partial \phi} \right] + \rho \alpha_\phi \qquad (3.70)$

演 習 問 題

3.1 式 (3.14) を導出せよ．

3.2 非圧縮性流体の流速 u, v が $u = a_1 x^2 y + a_2 y + a_3 x$, $v = a_4 x^2 y + a_5 y^3 + a_6 xyz^2$ のとき，$a_1 \sim a_6$ を定数として w の値を求めよ．

3.3 流速が $u = yz + 2t$, $v = xz + t$, $w = xz$ で与えられるとき，点 (1,2,3) における流体の加速度成分を求めよ．

3.4 図 3.1 と同様の微小流体要素内に流体に運ばれて出入りする物質の量の収支を考えることにより，濃度 $C(x,y,z)$ を持つ物質の拡散方程式を導け．ただし，物質の反応による生成・消滅はないものとする．

第4章 粘性流体の層流

　本章では，前章で導いた流体運動の支配方程式である連続の式および運動方程式を用いて，流速の非常に遅い，あるいは，水飴のように非常に大きな粘性係数を持つ，非圧縮性ニュートン流体の発達した二次元流れを扱う．このような流れは層流と呼ばれ次章においてレイノルズ数 (Reynolds number) Re を用いて定義される．この層流状態では流体中にマーカーを入れた場合，コーヒーカップの中に加えたミルクを非常に遅いスピードでスプーンを動かしながら混ぜようとしたときに見られるミルクの流れのすじのように，マーカーは乱れのない滑らかな軌跡を描きながら流れる．

4.1 平行平板間の流れ

　図 4.1 に示す間隔 H で置かれた無限の大きさを持つ平行平板間を x 方向に流れる非圧縮性ニュートン流体の層流の流速分布について考える．前章の連続の式 (3.11) および運動方程式 (3.55) は非圧縮性のニュートン流体に対しては総和規約を用いると

$$\frac{\partial u_i}{\partial x_i} = 0 \tag{4.1}$$

$$\rho \left(\frac{\partial u_i}{\partial t} + u_j \frac{\partial u_i}{\partial x_j} \right) = \rho \alpha_i - \frac{\partial p}{\partial x_i} + \mu \frac{\partial^2 u_i}{\partial x_j{}^2} \tag{4.2}$$

で表される．
　式 (4.1) および式 (4.2) を x, y, z 方向に対して書き直すと

$$\frac{\partial u}{\partial x} + \frac{\partial v}{\partial y} + \frac{\partial w}{\partial z} = 0 \tag{4.3}$$

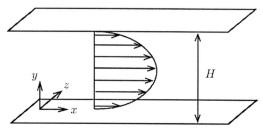

図 4.1 無限平行平板内の流れ

(x 方向)
$$\rho\left(\frac{\partial u}{\partial t}+u\frac{\partial u}{\partial x}+v\frac{\partial u}{\partial y}+w\frac{\partial u}{\partial z}\right)=\rho\alpha_x-\frac{\partial p}{\partial x}+\mu\left(\frac{\partial^2 u}{\partial x^2}+\frac{\partial^2 u}{\partial y^2}+\frac{\partial^2 u}{\partial z^2}\right) \quad (4.4)$$

(y 方向)
$$\rho\left(\frac{\partial v}{\partial t}+u\frac{\partial v}{\partial x}+v\frac{\partial v}{\partial y}+w\frac{\partial v}{\partial z}\right)=\rho\alpha_y-\frac{\partial p}{\partial y}+\mu\left(\frac{\partial^2 v}{\partial x^2}+\frac{\partial^2 v}{\partial y^2}+\frac{\partial^2 v}{\partial z^2}\right) \quad (4.5)$$

(z 方向)
$$\rho\left(\frac{\partial w}{\partial t}+u\frac{\partial w}{\partial x}+v\frac{\partial w}{\partial y}+w\frac{\partial w}{\partial z}\right)=\rho\alpha_z-\frac{\partial p}{\partial z}+\mu\left(\frac{\partial^2 w}{\partial x^2}+\frac{\partial^2 w}{\partial y^2}+\frac{\partial^2 w}{\partial z^2}\right) \quad (4.6)$$

となる．

流速分布が図 4.1 のように y 方向にのみ存在し，その分布が x 方向には変化しない十分発達した二次元の流れを考えると，$w=0$, $\frac{\partial u}{\partial x}=0$ となり，式 (4.3) より $\frac{\partial v}{\partial y}=0$, つまり，$v$ は一定値をとる．しかし，$y=0, H$ で平板を横切っての y 方向の流れは存在しないから $v=0$ となる．また，重力のみが働く定常流であるから $\frac{\partial}{\partial t}=0$, $\alpha_x=\alpha_z=0$, $\alpha_y=-g$ となる．よって式 (4.4)〜(4.6) から

$$\frac{\partial p}{\partial x}=\mu\frac{\partial^2 u}{\partial y^2} \quad (4.7)$$

$$\frac{\partial p}{\partial y}=-\rho g, \quad \frac{\partial p}{\partial z}=0 \quad (4.8)$$

が得られる．$y=0$ の壁面での圧力を p_w とすると式 (4.8) より

$$p=-\rho g y + p_\mathrm{w}(x) \quad (4.9)$$

となり，流れが十分発達している場合は式 (4.7) の右辺は x に依存しないので $\frac{\partial p}{\partial x}$ は y に関係なく一定値をとる．

4.1 平行平板間の流れ

$$\frac{\partial p}{\partial x} = \frac{dp_\mathrm{w}}{dx} = 一定 \tag{4.10}$$

よって，式 (4.7) より

$$\frac{\partial p}{\partial x} = \mu \frac{d^2 u}{dy^2} \tag{4.11}$$

となる．これを壁面上での流速がゼロとなる境界条件

$$u = 0 \quad (y = 0 \text{ のとき})$$
$$u = 0 \quad (y = H \text{ のとき}) \tag{4.12}$$

のもとで解けば，

$$u = \frac{1}{2\mu} \frac{\partial p}{\partial x} y(y - H) \tag{4.13}$$

が得られる．なお，壁面で流速 u がゼロとなるのは，壁面は滑面といえども分子の大きさ程度のスケールで見ればでこぼこだらけで，壁面に衝突する分子は全方向に均等に散乱し平均的な流速がゼロになるからである．このことより，壁面上での境界条件は流速ゼロで与えられる．式 (4.13) の層流の平行平板間の流速分布は放物線型の分布形状となる．$\frac{\partial p}{\partial x}$ は流体が図 4.1 において左から右へ流れていることから，左側の圧力が高く $\frac{\partial p}{\partial x} < 0$ となる．

z 方向に対して単位幅を持つ平板間の流体の流量は

$$Q = \int_0^H u\,dy = \frac{(\partial p/\partial x)}{2\mu} \int_0^H y(y - H)\,dy = -\frac{(\partial p/\partial x)}{12\mu} H^3 \tag{4.14}$$

となり，断面平均流速は

$$\langle u \rangle = \frac{Q}{H} = -\frac{(\partial p/\partial x)}{12\mu} H^2 \tag{4.15}$$

となる．最大流速は，$y = \frac{1}{2}H$ での u の値となるから

$$u_\mathrm{max} = -\frac{(\partial p/\partial x)}{8\mu} H^2 \tag{4.16}$$

である．よって

$$\frac{u_\mathrm{max}}{\langle u \rangle} = \frac{3}{2} \tag{4.17}$$

が得られる．

4.2 クエット流れ

前節の無限平行平板の片面が低速 U で x 方向に動く図 4.2 に示す非圧縮性ニュートン流体の層流を考える.

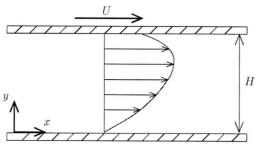

図 4.2 上壁面が動く平板間の流れ

基礎式は式 (4.11) と同じであるから

$$\frac{\partial p}{\partial x} = \mu \frac{d^2 u}{dy^2} \tag{4.18}$$

となり,境界条件は上面が動いているため,

$$\begin{aligned} u &= U \quad (y = H \text{ のとき}) \\ u &= 0 \quad (y = 0 \text{ のとき}) \end{aligned} \tag{4.19}$$

となる.よって,式 (4.18) を解くと

$$u = \frac{1}{2\mu}\frac{\partial p}{\partial x}(y-H)y + \frac{Uy}{H} \tag{4.20}$$

が流速分布として得られる.ここで,$\frac{\partial p}{\partial x} = 0$ とした $u = \frac{Uy}{H}$ の流速分布を持つ流れをクエット流れ (Couette flow) と呼ぶ.

4.3 傾斜平板上の重力流れ

図 4.3 に示す水平から角度 θ だけわずかに傾いた平板上を低速で流れる液膜流れを考える.この流れも十分発達した非圧縮性ニュートン流体の層流とする.

4.3 傾斜平板上の重力流れ

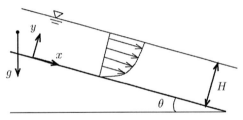

図 4.3 傾斜板上の流れ

式 (4.4) より

$$\rho\left(\frac{\partial u}{\partial t} + u\frac{\partial u}{\partial x} + v\frac{\partial u}{\partial y} + w\frac{\partial u}{\partial z}\right) = \rho\alpha_x - \frac{\partial p}{\partial x} + \mu\left(\frac{\partial^2 u}{\partial x^2} + \frac{\partial^2 u}{\partial y^2} + \frac{\partial^2 u}{\partial z^2}\right) \quad (4.21)$$

であり,この流れの場合,流体は圧力差ではなく,自重つまり外力である重力で流れるから,定常な十分発達した流れを考え不要な項を消去すると,

$$0 = \rho g \cos(90° - \theta) + \mu\frac{\partial^2 u}{\partial y^2} \quad (4.22)$$

となる.また十分発達した流れの場合,u は y 方向のみにしか変化しないので

$$-\rho g \sin\theta = \mu\frac{d^2 u}{dy^2} \quad (4.23)$$

となる.底壁面での境界条件は $u=0$ であり,自由表面での境界条件は,自由表面での流速が小さく液面を波立たせるようなせん断力 $\mu\frac{du}{dy}\big|_{y=H}$ が働かない遅い流れを考えているので,両境界条件は

$$\frac{du}{dy} = 0 \quad (y = H \text{ のとき})$$
$$u = 0 \quad (y = 0 \text{ のとき}) \quad (4.24)$$

となる.この境界条件のもとで式 (4.23) を解くと

$$u = \frac{\rho g \sin\theta}{2\mu}(2H - y)y \quad (4.25)$$

が得られる.

z 方向の単位幅あたりの流量 Q は

$$Q = \int_0^H u\,dy = \frac{\rho g \sin\theta}{3\mu}H^3 \quad (4.26)$$

となり,平均流速 $\langle u \rangle$ は

$$\langle u \rangle = \frac{Q}{H} = \frac{\rho g \sin\theta}{3\mu} H^2 \tag{4.27}$$

で与えられる．最大流速 $u_{\max}$ は $y = H$ での u であるから

$$u_{\max} = \frac{\rho g \sin\theta}{2\mu} H^2 \tag{4.28}$$

となる．よって

$$\frac{u_{\max}}{\langle u \rangle} = \frac{3}{2} \tag{4.29}$$

が得られる．

4.4　円管内の流れ

図 4.4 に示す半径 R の円管内を圧力差により流れる非圧縮性ニュートン流体の十分発達した層流について考える．

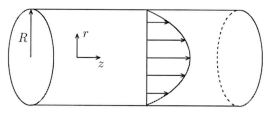

図 4.4　円管内の流れ

この場合は円柱座標系での運動方程式 (3.66) が適用される．z 方向に半径方向の流速分布が変化しない十分発達した定常層流では，式 (3.63) からも明らかなように z 方向の流速 v_z のみが存在するから，運動方程式 (3.66) である

$$\rho\left(\frac{\partial v_z}{\partial t} + v_r\frac{\partial v_z}{\partial r} + \frac{v_\theta}{r}\frac{\partial v_z}{\partial \theta} + v_z\frac{\partial v_z}{\partial z}\right)$$
$$= -\frac{\partial p}{\partial z} + \mu\left[\frac{1}{r}\frac{\partial}{\partial r}\left(r\frac{\partial v_z}{\partial r}\right) + \frac{1}{r^2}\frac{\partial^2 v_z}{\partial \theta^2} + \frac{\partial^2 v_z}{\partial z^2}\right] + \rho g_z \tag{4.30}$$

において，$v_\theta = v_r = 0$ となる．また，外力は働かず ($g_z = 0$)，発達した定常流 ($\frac{\partial v_z}{\partial t} = 0$, $\frac{\partial v_z}{\partial z} = 0$) として，不要な項を消すと

$$\frac{\partial p}{\partial z} = \mu\frac{1}{r}\frac{\partial}{\partial r}\left(r\frac{\partial v_z}{\partial r}\right) \tag{4.31}$$

が得られる．p は z 方向にのみ，v_z は r 方向にのみ変化するから

$$\frac{dp}{dz} = \mu \frac{1}{r}\frac{d}{dr}\left(r\frac{dv_z}{dr}\right) \tag{4.32}$$

となる．境界条件

$$u = 0 \quad (r = R \text{ のとき})$$
$$\frac{\partial u}{\partial r} = 0 \quad (r = 0 \text{ のとき}) \tag{4.33}$$

のもとで式 (4.32) を解くと

$$u = \frac{(dp/dz)}{4\mu}(r^2 - R^2) \tag{4.34}$$

となる．流量 Q は

$$Q = \int_0^R 2\pi r u \, dr = -\frac{\pi R^4}{8\mu}\frac{dp}{dz} \tag{4.35}$$

となり，平均流速 $\langle u \rangle$ は

$$\langle u \rangle = \frac{Q}{\pi R^2} = -\frac{R^2}{8\mu}\frac{dp}{dz} \tag{4.36}$$

となる．最大流速 $u_{\max}$ は中心軸上の $r = 0$ での流速であるから

$$u_{\max} = -\frac{(dp/dz)}{4\mu}R^2 \tag{4.37}$$

となる．よって

$$\frac{u_{\max}}{\langle u \rangle} = 2 \tag{4.38}$$

となる．

4.5 共軸円管内の流れ

図 4.5 に示す半径 kR $(0 < k < 1)$ を持つ内筒と角速度 ω で回転する半径 R をもつ外筒との間に入れられた非圧縮性ニュートン流体の層流の流速分布について考える．この場合は，円柱座標系で θ 方向の流速 v_θ のみが存在するから式 (3.65) に示した運動方程式

$$\rho\left(\frac{\partial v_\theta}{\partial t} + v_r\frac{\partial v_\theta}{\partial r} + \frac{v_\theta}{r}\frac{\partial v_\theta}{\partial \theta} + \frac{v_r v_\theta}{r} + v_z\frac{\partial v_\theta}{\partial z}\right)$$
$$= -\frac{1}{r}\frac{\partial p}{\partial \theta} + \mu\left[\frac{\partial}{\partial r}\left(\frac{1}{r}\frac{\partial}{\partial r}(rv_\theta)\right) + \frac{1}{r^2}\frac{\partial^2 v_\theta}{\partial \theta^2} + \frac{2}{r^2}\frac{\partial v_r}{\partial \theta} + \frac{\partial^2 v_\theta}{\partial z^2}\right] + \rho g_\theta \tag{4.39}$$

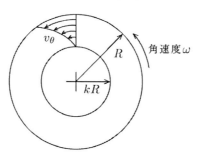

図 4.5 回転円筒間の流れ

において $v_r = v_z = 0$, 外力は働かないから $g_\theta = 0$, 定常の発達した流れより $\frac{\partial v_\theta}{\partial t} = 0$, $\frac{\partial v_\theta}{\partial \theta} = 0$, θ 方向に圧力勾配はなく $\frac{\partial p}{\partial \theta} = 0$ であるから

$$\frac{\partial}{\partial r}\left(\frac{1}{r}\frac{\partial}{\partial r}(rv_\theta)\right) = 0 \tag{4.40}$$

が得られる. v_θ は r 方向のみに変化するから

$$\frac{d}{dr}\left(\frac{1}{r}\frac{d}{dr}(rv_\theta)\right) = 0 \tag{4.41}$$

を境界条件

$$\begin{aligned} v_\theta &= 0 \quad (r = kR \text{ のとき}) \\ v_\theta &= R\omega \quad (r = R \text{ のとき}) \end{aligned} \tag{4.42}$$

のもとで解くと

$$v_\theta = \omega R \frac{\left(\dfrac{kR}{r} - \dfrac{r}{kR}\right)}{k - \dfrac{1}{k}} \tag{4.43}$$

が得られる.

4.6 その他の層流

以上に示したように層流の流速分布が解析的に求められるのは流体の流れる流路が単純な形状を持つ発達流の場合のみである. たとえば, 図 4.6 のように単純なくぼみの中の定常な二次元の層流であっても, x, y 方向に流速が存在する場合には連続の式 (4.1) および運動方程式 (4.2) を解析的に解くことはできない. ま

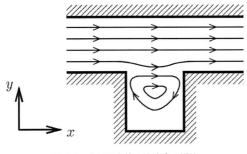

図 4.6 くぼみを持つ流路内の層流

た,たとえ平行平板間の層流であっても圧力が時間的に変化することにより非定常流になる場合には解析解は得られない.この場合には,連続の式および運動方程式を差分化してコンピュータを用いた数値計算法を適用することにより数値的に解かなければならない.この数値計算の方法については,数値計算による流れの解析などの書名を持つ専門書を参照されたい.

演習問題

4.1 図に示すように,隙間 $2H$ を持つ水平に設置された固定無限平行平板間の中央の位置 ($y=0$) に,平行平板と平行に厚さが無視できるほど薄い可動無限平板を置いた場合の可動無限平板上下の二つの隙間に形成される流れについて考える.この可動平板は x 方向にのみ自由に動くように支持されており,支持部から平板が受ける力は無視できるものとする.二つの隙間を流れる流体は同一の物性値を持つものとする.また,流体は,可動平板の上側の隙間を負の一定圧力勾配 ($\partial p/\partial x = k_1 < 0$) のもとで,下側の隙間を正の一定圧力勾配 ($\partial p/\partial x = k_2 > 0$) のもとで流れているものとする.

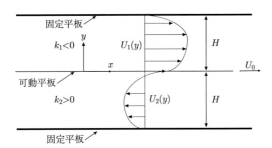

いま，可動平板が上下の隙間を流れる流体による壁面せん断応力のみを受けて，x の正の方向に一定速度 U_0 で動く場合，以下の設問に答えよ．なお，流れは層流である．

(1) 可動平板の上側および下側の隙間を流れる流体の流速分布 $U_1(y)$ および $U_2(y)$ を U_0 を用いて求めよ．
(2) 可動平板の上側および下側の隙間を流れる流体のせん断応力分布 $\tau_1(y)$ および $\tau_2(y)$ を U_0 を用いて求めよ．
(3) U_0 を求めよ．

4.2 図に示すように，4.1 の問題で示した系を水平方向から θ だけ傾け，上側の固定平行平板を取り除いた場合を考える．いま，可動平板の上側を流れる流体 (液体) は $y = H$ (一定) で空気に接する自由表面を持ち，重力の作用で可動平板上を x の正の方向に流下しているものとする．一方，可動平板の下側の隙間を流れる流体は，上側を流れる流体と同一の物性値を持ち，正の一定圧力勾配 $(\partial p/\partial x = k_2 > 0)$ の下で x の負の方向に押し上げられているものとする．なお，自由表面での液体と空気との摩擦は無視できるものとする．また，板の単位面積あたり質量を m とする．

いま，可動平板が力の釣り合いにより静止しているとき $(U_0 = 0)$，k_2 を求めよ．

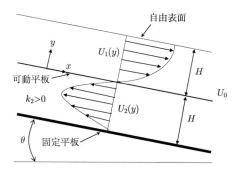

4.3 図 4.2 の流れにおいて平行平板の上壁面が振幅 $a \sin \omega t$ で x 方向に振動する場合の層流の流速分布を求めよ．なお，圧力勾配は存在しないものとする．

4.4 図に示すように傾斜した平行平板間の十分発達した二次元層流に対して単位幅の奥行と面積 $\Delta x \Delta y$ を持つ直方体の微小部分に対して力のバランスをとることにより運動方程式を導け．

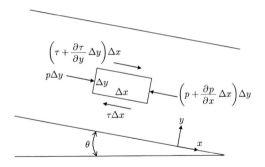

4.5 同様にして傾斜した内径 $2R$ の円管内の十分発達した二次元層流に対して図中の円筒形の微小部分に対して力のバランスをとることにより運動方程式を導け.

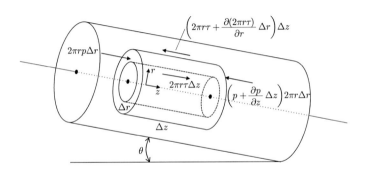

第5章　層流から乱流へ

前章では非常に遅い流速または水飴のような大きな粘性係数を持つ流体の流れに該当する層流の流速分布について述べた．本章では水や空気などのように高粘性ではない流体で，その流速を増加させた場合に出現する乱流について述べる．乱流の詳細については専門書にゆだねるが，ここではその初歩的事項を記述する．

5.1　レイノルズ数

前章の流速分布を求める解析は，簡単な形状を持つ流路内を低流速で流れる定常の層流の場合に限られていた．しかし，日常我々が目にする水や空気の流れにおいては，大気，海洋，河川の流れ，エアコンや扇風機の周りの流れ，水道の蛇口からの水の流れなどのように比較的大きな流速で流体が流れる場合が多い．

いま，前章と同様に図 4.1 に示す平行平板間の流れを考える．この平行平板間の流れに働く x 方向の圧力差を層流の状態よりも大きくすることにより断面平均流速 $\langle U \rangle$ を増加させると図 5.1 の右図に示すように流速勾配が増加するが，中心部の流速が非常に大きな細長い放物型の流速分布を保つことが難しくなり流速勾配の大きな壁近くで流れは不安定化して渦が発生する．さらに，流速が増加すると激しい回転を伴う数多くの渦からなる乱流状態へと遷移する．層流の場合には，

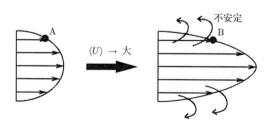

図 5.1　層流から乱流への遷移

5.1 レイノルズ数

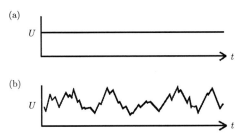

図 5.2 層流と乱流の瞬間流速 U の経時変化

図 5.1 の A 点で計測した x 方向の瞬間の流速 U (前章までは u としたが，本章では U とする) は図 5.2(a) のスケッチに示すように時間に対してほとんど変動せず一定値を示すが，乱流の場合，B 点での流速 U は図 5.2(b) に示すように時々刻々不規則に変動する．

レイノルズ (Reynolds) は，図 5.3 のスケッチに示すようにガラス管内を流れる流体の流れの中心部にインクを注入することによりインクの流れの様子を観察した．

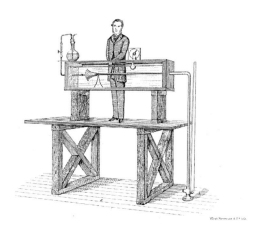

図 5.3 レイノルズ (Reynolds) の実験 (Reynolds 1883)

その結果，流速の遅い層流の場合には，図 5.4(a) のスケッチに示すようにインクの流れが直線的な層状を呈するが，断面平均流速 $\langle U \rangle$ を大きくすると，図 5.4(b) に示すようにインクの流れは乱れ始め，さらに $\langle U \rangle$ を大きくすると，図 5.4 (c) に示すようにインクの流れが渦の出現による激しい混合により強く乱れて完全な乱流状態に移行することを示した．

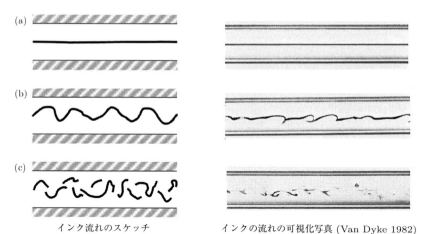

インク流れのスケッチ　　　　　　インクの流れの可視化写真 (Van Dyke 1982)

図 5.4　管内の層流および乱流中でのインクの流れの様子

さらに，ガラス管の内径 d，および断面平均流速 $\langle U \rangle$，粘性係数 μ を変化させた場合，層流から乱流への変化が

$$レイノルズ数 \quad Re = \frac{\rho \langle U \rangle d}{\mu} \tag{5.1}$$

の値により決まることが示された．

一般に円管内流れの場合，壁面の滑らかさや入口の形状にも依存するが，レイノルズ数が

$$Re_c = 2000 \sim 2300 \quad (臨界レイノルズ数)$$

の値を境にして層流から乱流へ遷移することが知られている．この臨界レイノルズ数 Re_c よりも大きなレイノルズ数 $Re > 3000 \sim 4000$ では流れは完全な乱流状態になる．隙間 H を持つ平行平板間の流れでは

$$Re_c = \frac{\rho \langle U \rangle H}{\mu} \approx 1100 \sim 1200$$

の値が実験により得られているが，確定的なものではなく Re_c は実験条件に大きく依存する．

5.2　乱流への遷移

層流から乱流への遷移を，外力が働かない場合の非圧縮性ニュートン流体の流

れに対する運動方程式に基づいて考えると次のようになる．乱流の場合でも，i 方向の瞬間流速 U_i に対しては，連続の式

$$\frac{\partial U_i}{\partial x_i} = 0 \tag{5.2}$$

および運動方程式

$$\rho \left(\frac{\partial U_i}{\partial t} + \underbrace{U_j \frac{\partial U_i}{\partial x_j}}_{\text{対流項}} \right) = -\frac{\partial P}{\partial x_i} + \underbrace{\mu \frac{\partial^2 U_i}{\partial x_j^2}}_{\text{粘性項}} \tag{5.3}$$

が成り立つ．ここで，外力を無視した．第 3 章に示したこれらの式の導出過程からも理解できるように式 (5.3) の左辺の第 2 項を対流項または慣性項と呼び，右辺の第 2 項を粘性項と呼ぶ．なお，本章では流速および圧力の平均値と変動値を区別するため第 3 章で導出した連続の式および運動方程式の中に用いられている瞬間流速 u_i を U_i，瞬間圧力 p を P と大文字で表記している．

流速の代表的なスケールを U_0，長さスケールを L として，対流項 (慣性項) と粘性項の比を近似的に見積もると

$$\frac{\text{対流項}}{\text{粘性項}} = \frac{\rho U_j \frac{\partial U_i}{\partial x_j}}{\mu \frac{\partial^2 U_i}{\partial x_j^2}} = \frac{\rho U_0 \frac{U_0}{L}}{\mu \frac{U_0}{L^2}} = \frac{\rho U_0 L}{\mu} = Re$$

となる．したがって，レイノルズ数 Re は物理的には，対流項で表される慣性力と粘性項によって表される粘性力との比を意味する．U_0 と L を用いて無次元化した

$$\frac{U_i}{U_0} = U_i^*, \quad \frac{x_i}{L} = x_i^*, \quad \frac{t}{L/U_0} = t^*, \quad \frac{P}{\rho U_0^2} = P^*$$

を式 (5.3) に代入すると

$$\frac{\partial U_i^*}{\partial t^*} + \underbrace{U_j^* \frac{\partial U_i^*}{\partial x_j^*}}_{\text{対流項}} = -\frac{\partial P^*}{\partial x_i^*} + \underbrace{\frac{1}{Re} \frac{\partial^2 U_i^*}{\partial x_j^{*2}}}_{\text{粘性項}} \tag{5.4}$$

となる．この式から明らかなように流速 U_0 が大きくなると Re が大きくなるので，乱れを抑制するように働く右辺第 2 項の粘性項の影響が小さくなる．つまり，流体は慣性力によって不安定となり乱流状態へ移行することになる．

5.3 平行平板間の発達した乱流の数式表現

図 4.1 に示した平行平板間の流れが，十分発達した定常乱流である場合を考える．ここで，定常乱流とは，平行平板間の入口部に加える圧力は時間的に変動せず一定であり，平行平板間の流れの中では乱流渦により圧力変動は生じるが乱流変動よりも低周波の脈動流などは生じない流れを意味する．

x, y, z 方向の瞬間流速 U, V, W は図 5.5 のスケッチに示すように時々刻々不規則に変動する．いま，この瞬間流速を時間平均値と変動値に分けると，

$$U = \overline{U} + u$$
$$V = \overline{V} + v \quad (5.5)$$
$$W = \overline{W} + w$$

となる．ここで，U_i に対する時間平均値

$$\overline{U} = \frac{1}{T} \int_0^T U \, dt \neq 0$$

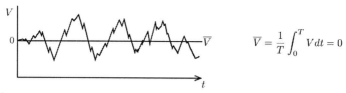

$$\overline{V} = \frac{1}{T} \int_0^T V \, dt = 0$$

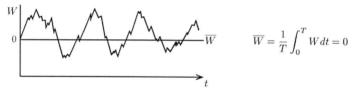

$$\overline{W} = \frac{1}{T} \int_0^T W \, dt = 0$$

図 5.5 発達した平行平板間の定常乱流中での x, y, z 方向の瞬間流速の経時変化

5.3 平行平板間の発達した乱流の数式表現

$$\overline{U_i} = \frac{1}{T}\int_0^T U_i dt$$

において平均化時間 T は十分大きいものとする．なお，定常の乱流においては時間平均値とアンサンブル平均値は等しくなる．平行平板間の十分発達した流れの場合，y, z 方向に平均流は存在しないから $\overline{V} = \overline{W} = 0$ となり

$$\begin{aligned} U &= \overline{U} + u \\ V &= v \\ W &= w \end{aligned} \quad (5.6)$$

となる．

式 (5.2) に式 (5.5) を代入すると

$$\frac{\partial U_i}{\partial x_i} = \frac{\partial \overline{U}}{\partial x} + \frac{\partial \overline{V}}{\partial y} + \frac{\partial \overline{W}}{\partial z} + \frac{\partial u}{\partial x} + \frac{\partial v}{\partial y} + \frac{\partial w}{\partial z} = 0 \quad (5.7)$$

となる．さらに，この式を時間平均すると，変動成分の時間平均値は $\overline{u} = \overline{v} = \overline{w} = 0$ であり

$$\frac{\partial \overline{U_i}}{\partial x_i} = \frac{\partial \overline{U}}{\partial x} + \frac{\partial \overline{V}}{\partial y} + \frac{\partial \overline{W}}{\partial z} + \frac{\partial \overline{u}}{\partial x} + \frac{\partial \overline{v}}{\partial y} + \frac{\partial \overline{w}}{\partial z} = \frac{\partial \overline{U}}{\partial x} + \frac{\partial \overline{V}}{\partial y} + \frac{\partial \overline{W}}{\partial z} = 0 \quad (5.8)$$

となる．式 (5.7) から式 (5.8) を差し引くと

$$\frac{\partial u}{\partial x} + \frac{\partial v}{\partial y} + \frac{\partial w}{\partial z} = 0 \quad (5.9)$$

となる．また，主流 (x) 方向の時間平均流速 $\overline{U}$ しか存在しない ($\overline{V} = \overline{W} = 0$)，十分発達した流れを考えているので $\overline{U}$ は x 方向には変化せず

$$\frac{\partial \overline{U_i}}{\partial x_i} = \frac{\partial \overline{U}}{\partial x} + \frac{\partial \overline{u}}{\partial x} + \frac{\partial \overline{v}}{\partial y} + \frac{\partial \overline{w}}{\partial z} = \frac{\partial \overline{U}}{\partial x} = 0 \quad \text{(発達した流れ)} \quad (5.10)$$

となる．ここで，時間平均操作に対して座標変数 s で偏微分可能な関数 f に対して $\overline{\frac{\partial f}{\partial s}} = \frac{\partial \overline{f}}{\partial s}$ の関係式を使用した．

いっぽう，x 方向流速成分 U に対する運動方程式は式 (5.3) より

$$\rho\left(\frac{\partial U}{\partial t} + U\frac{\partial U}{\partial x} + V\frac{\partial U}{\partial y} + W\frac{\partial U}{\partial z}\right) = -\frac{\partial P}{\partial x} + \mu\left(\frac{\partial^2 U}{\partial x^2} + \frac{\partial^2 U}{\partial y^2} + \frac{\partial^2 U}{\partial z^2}\right) \quad (5.11)$$

であるから，式 (5.11) に式 (5.5) を代入して十分長い時間に対して時間平均をとると，y 方向にのみ $\overline{U}$ が変化し，$\overline{U}$ が時間 t に依存しない十分発達した定常流

考えているから

$$
\text{左辺} = \rho\left(\overline{\frac{\partial(\overline{U}+u)}{\partial t}} + \overline{(\overline{U}+u)\frac{\partial(\overline{U}+u)}{\partial x}} + \overline{v\frac{\partial(\overline{U}+u)}{\partial y}} + \overline{w\frac{\partial(\overline{U}+u)}{\partial z}}\right)
$$

$$
= \rho\left(\overline{u\frac{\partial u}{\partial x}} + \overline{v\frac{\partial u}{\partial y}} + \overline{w\frac{\partial u}{\partial z}}\right)
$$

$$
\text{右辺} = -\overline{\frac{\partial(\overline{P}+p)}{\partial x}} + \mu\left(\overline{\frac{\partial^2(\overline{U}+u)}{\partial x^2}} + \overline{\frac{\partial^2(\overline{U}+u)}{\partial y^2}} + \overline{\frac{\partial^2(\overline{U}+u)}{\partial z^2}}\right)
$$

$$
= -\frac{\partial \overline{P}}{\partial x} + \mu\left(\frac{\partial^2 \overline{U}}{\partial x^2} + \frac{\partial^2 \overline{U}}{\partial y^2} + \frac{\partial^2 \overline{U}}{\partial z^2}\right)
$$

$$
= -\frac{\partial \overline{P}}{\partial x} + \mu\frac{\partial^2 \overline{U}}{\partial y^2} \quad (z\text{方向には平均流のない}x\text{方向に十分発達した流れ})
$$

となる．ここで $P = \overline{P} + p$ である．また，左辺中の項は

$$
\overline{u\frac{\partial u}{\partial x}} + \overline{v\frac{\partial u}{\partial y}} + \overline{w\frac{\partial u}{\partial z}}
$$

$$
= \overline{\frac{\partial uu}{\partial x}} + \overline{\frac{\partial uv}{\partial y}} + \overline{\frac{\partial uw}{\partial z}} - \underbrace{\overline{u\left(\frac{\partial u}{\partial x} + \frac{\partial v}{\partial y} + \frac{\partial w}{\partial z}\right)}}_{=0\ (\text{式 (5.9) より})}
$$

$$
= \overline{\frac{\partial uu}{\partial x}} + \overline{\frac{\partial uv}{\partial y}} + \overline{\frac{\partial uw}{\partial z}} \quad (x, z\text{方向の時間平均量の変化はなし})
$$

$$
= \overline{\frac{\partial uv}{\partial y}}
$$

であるから，右辺と左辺を整理して等価すると

$$
\rho\frac{\partial \overline{uv}}{\partial y} = -\frac{\partial \overline{P}}{\partial x} + \mu\frac{\partial^2 \overline{U}}{\partial y^2} \tag{5.12}
$$

を得る．同様にして，式 (5.6) を y 方向成分 V および z 方向成分 W に対する運動方程式 (5.3) に代入して時間平均操作を施すと $\frac{\partial \overline{P}}{\partial y} = -\rho\frac{\partial \overline{v^2}}{\partial y}$ および $\frac{\partial \overline{P}}{\partial z} = -\rho\frac{\partial \overline{vw}}{\partial y}$ が得られる．十分発達した x 方向の流れでは $\overline{P}$ の z 方向変化はなく，$\overline{U}, \overline{uv}, \overline{v^2}$ などの流速に関する時間平均量は y 方向にしか変化しないから，最終的に，

$$
\frac{d}{dy}\left(\mu\frac{d\overline{U}}{dy} - \rho\overline{uv}\right) = \frac{\partial \overline{P}}{\partial x} = \text{一定} \tag{5.13}
$$

となる．式 (5.13) 中の $-\rho\overline{uv}$ は乱流によって生じる応力であり，レイノルズ (Reynolds) 応力と呼ばれる．このレイノルズ応力 $-\rho\overline{uv}$ と分子粘性応力 $\mu\frac{d\overline{U}}{dy}$

の合計が全体の応力

$$\tau = \mu \frac{d\overline{U}}{dy} - \rho \overline{uv} \tag{5.14}$$

となる．式 (4.11) と比較すると，乱流の場合には層流の場合に比べて粘性応力にレイノルズ応力が付加されることがわかる．定常乱流の場合，$\frac{\partial \overline{P}}{\partial x}$ は一定値をとるので平行平板間の乱流場に働く応力は式 (5.13) を積分すると，

$$\tau = \frac{\partial \overline{P}}{\partial x} y + C_1$$

となる．

　壁面 $y = 0$ では，流速変動は $u = v = 0$ であるから $-\rho \overline{uv} = 0$ となる．平行平板間の中心 $y = \frac{1}{2}H$ では $\frac{d\overline{U}}{dy} = 0$ であるから，後に記述するように $y = \frac{1}{2}H$ の中心に存在する流体粒子が上方に動いた場合 ($v > 0$) に，流体を加速させる ($u > 0$) ことにより生じる uv (> 0) と，下方に動いた場合 ($v < 0$) に，流体を加速させる ($u > 0$) ことにより生じる uv (< 0) が統計的に同じ確率で現れるのでともに打ち消しあって $\overline{uv} = 0$ となる．よって，境界条件は壁面での応力を τ_w とすると

$$\tau = \tau_\mathrm{w} = \mu \frac{d\overline{U}}{dy}\bigg|_{y=0} \quad (y = 0 \text{ のとき})$$

$$\tau = 0 \quad \quad \quad \quad \quad (y = \tfrac{1}{2}H \text{ のとき})$$

となる．これより τ の分布は

$$\tau = \tau_\mathrm{w}\left(1 - \frac{2}{H}y\right) = \frac{\partial \overline{P}}{\partial x}\left(y - \frac{1}{2}H\right) \tag{5.15}$$

で与えられる．

　応力 τ の分布を図示すると図 5.6 に示すようになる．

　レイノルズ応力 $-\rho\overline{uv}$ は壁近くを除いては大きな値をとり，流れの中心部では応力 τ のほぼ全体を占める．なお，レイノルズ応力 $-\rho\overline{uv}$ が $\frac{d\overline{U}}{dy} < 0$ の上半分の領域で負の値をとるのは，A 点の流体粒子が上方に動く場合 ($v > 0$) は，平均流速の小さな上層の流体を加速 ($u > 0$) させ，反対に下方に動く場合 ($v < 0$) は，平均流速の大きな下層の流体を減速 ($u < 0$) させるので，uv の統計的平均値 $\overline{uv}$ は $\overline{uv} > 0$ となることによる．逆に $\frac{d\overline{U}}{dy} > 0$ の下半分の領域では，B 点の流体粒子が上方に動く場合 ($v > 0$) は，平均流速の大きな上層の流体を減速 ($u < 0$) させ，反対に下方に動く場合 ($v < 0$) は，平均流速の小さな下層の流体を加速 ($u > 0$)

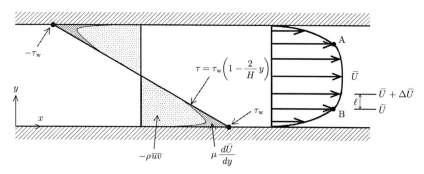

図 5.6 平行平板間の乱流中での流速と応力の分布

させるため，$\overline{uv}<0$ となる．よって，$-\rho\overline{uv}>0$ となる．$y=\frac{1}{2}H$ の流路の中心部では，$uv>0$ と $uv<0$ を生む動きが同じ確率で生じるので $\overline{uv}=0$ となる．

式 (5.13) において $\frac{\partial \overline{P}}{\partial x}$ が一定値をとるとして流速分布 $\overline{U}(y)$ を解析的に簡単に求めるためには

$$\tau = \mu \frac{d\overline{U}}{dy} - \rho\overline{uv} = \frac{\partial \overline{P}}{\partial x}y + C \tag{5.16}$$

であるから，レイノルズ応力 $-\rho\overline{uv}$ を y と $\overline{U}$ などを用いて表すモデルを用いなければならない．

$\rho\overline{uv}$ を層流の場合の応力と同様に考えて

$$-\rho\overline{uv} = \rho\varepsilon\frac{d\overline{U}}{dy} \tag{5.17}$$

と置くと，式 (5.16) は

$$\tau = (\mu + \rho\varepsilon)\frac{d\overline{U}}{dy} = \frac{\partial \overline{P}}{\partial x}y + C \tag{5.18}$$

となり乱流の場合の応力には乱流によって見かけの粘性係数 $\rho\varepsilon$ が加えられた形になる．したがって $\nu = \mu/\rho$ を動粘性係数 (拡散係数と同じ $[\mathrm{m}^2/\mathrm{s}]$ の次元をもつ) と呼ぶのと同様に $\varepsilon = \rho\varepsilon/\rho$ を乱流拡散係数，渦拡散係数，あるいは渦動粘性係数と呼ぶ．なお，この ε を y や $\overline{U}$ を用いてモデル化することによっても流速分布 $\overline{U}(y)$ を求めることができる．

5.4 円管内の発達した乱流の数式表現

図 5.7 に示す円管内の乱流に対する z 方向の流速 v_z に対する運動方程式は式

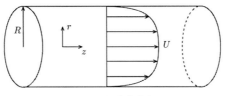

図 5.7 円管内乱流

(4.30) より，

$$\rho \left(\frac{\partial v_z}{\partial t} + v_r \frac{\partial v_z}{\partial r} + \frac{v_\theta}{r} \frac{\partial v_z}{\partial \theta} + v_z \frac{\partial v_z}{\partial z} \right)$$
$$= -\frac{\partial p}{\partial z} + \mu \left[\frac{1}{r} \frac{\partial}{\partial r} \left(r \frac{\partial v_z}{\partial r} \right) + \frac{1}{r^2} \frac{\partial^2 v_z}{\partial \theta^2} + \frac{\partial^2 v_z}{\partial z^2} \right] + \rho g_z \tag{5.19}$$

となる．重力の項 ρg_z は無視できるので，この式中の流速と圧力を

$$\left. \begin{array}{r} v_z \to \overline{U} + u \\ v_r \to \overline{V} + v \\ v_\theta \to \overline{V_\theta} + v_\theta \\ p \to \overline{P} + p \end{array} \right\} \tag{5.20}$$

で置き換え，平行平板間乱流の場合と同様に時間平均をとり，さらに θ 方向と r 方向には時間平均量の分布を持たない z 方向に十分発達した流れ ($\overline{V} = \overline{V_\theta} = 0$) を考えると，前節と同様の時間平均操作を施すことにより発達した円管内乱流に対する運動方程式は

$$0 = -\frac{\partial \overline{P}}{\partial z} + \frac{1}{r} \frac{d}{dr} \left[r \left(\mu \frac{d\overline{U}}{dr} - \rho \overline{uv} \right) \right] \tag{5.21}$$

となる．よって，全せん断応力 τ はレイノルズ応力 $-\rho\overline{uv}$ を含む

$$\tau = \mu \frac{d\overline{U}}{dr} - \rho \overline{uv} \tag{5.22}$$

となる．また，$\frac{\partial \overline{P}}{\partial z}$ が一定であり，管中心の $r=0$ においては $\mu \frac{d\overline{U}}{dr} = 0$，$-\rho\overline{uv} = 0$ であることから $\tau = 0$ となり，τ は直線的な分布

$$\tau = \frac{r}{R} \tau_\mathrm{w} = \frac{1}{2} \frac{\partial \overline{P}}{\partial z} r \tag{5.23}$$

ここで，$\quad \tau_\mathrm{w} = \mu \left. \frac{d\overline{U}}{dr} \right|_{r=R}$

を持つ．平行平板間の乱流と同様に式 (5.21) から $\overline{U}$ の分布を求めるためには，式

(5.21) の中のレイノルズ応力 $-\rho\overline{uv}$ をモデル化する必要がある．

円管壁近傍の乱流構造は次節で述べる平行平板間の乱流の場合と同様であり，流速分布も $U^+ = f(y^+)$ の壁法則に従う．しかし，極壁近傍を除く領域では，円管内乱流の場合，近似的に

$$\frac{\overline{U}}{\overline{U}_{\max}} = \left(\frac{R-r}{R}\right)^{\frac{1}{n}} \tag{5.24}$$

$$\frac{\langle U \rangle}{\overline{U}_{\max}} = \frac{2n^2}{(n+1)(2n+1)} \tag{5.25}$$

において $n=7$ とした式が成立することが知られている．この $n=7$ のときの相関式を 1/7 乗則と呼ぶ．

5.5 乱流の流速分布に対する壁法則

プラントル (Prandtl) は図 5.6 に示すように B 点の流体粒子が y 方向に距離 ℓ だけ動いたときに，平均流速の増加分だけが流速変動になると仮定し，

$$u \sim \ell \frac{d\overline{U}}{dy}, \quad v \sim \ell \frac{d\overline{U}}{dy}$$

と置いた．また，これらの u と v の相関係数が 1.0 と仮定すると

$$\rho\overline{uv} = -\rho\ell^2 \frac{d\overline{U}}{dy}\left|\frac{d\overline{U}}{dy}\right| \tag{5.26}$$

と置ける．このとき式 (5.17) より乱流拡散係数 ε は

$$\varepsilon = \ell^2 \left|\frac{d\overline{U}}{dy}\right| \tag{5.27}$$

となる．この ℓ のことをプラントルの混合距離 (mixing length) と呼び，プラントルは

$$\ell = ky \quad (y:壁からの距離) \tag{5.28}$$

と仮定した．いま，式 (5.16) および図 5.6 より壁近くの領域では応力 τ が壁での応力 $\tau_{\mathrm{w}}(=\rho u^{*2})$ に等しいと仮定する．ここで，便宜的な速度 u^* を導入したが τ_{w} が壁での摩擦応力であることから，この u^* のことを摩擦速度と呼ぶ．このとき式 (5.16) より，壁近傍では，

$$\tau = \mu\frac{d\overline{U}}{dy} + \rho k^2 y^2 \left(\frac{d\overline{U}}{dy}\right)^2 \approx \rho u^{*2} \tag{5.29}$$

5.5 乱流の流速分布に対する壁法則

となる．これより

$$\frac{d\overline{U}}{dy} = -\frac{\nu}{2k^2y^2} + \sqrt{(\nu/2k^2y^2)^2 + u^{*2}/k^2y^2} \tag{5.30}$$

が得られる．$\overline{U}$ と y を $U^+ = \overline{U}/u^*$, $y^+ = yu^*/\nu$ を用いて無次元化すると，式 (5.30) は

$$\frac{dU^+}{dy^+} = \left[\frac{1}{2} + \sqrt{\frac{1}{4} + k^2(y^+)^2}\right]^{-1} \tag{5.31}$$

となる．壁の極近くでは $y^+ \ll 1$ であるから

$$\frac{dU^+}{dy^+} = 1 \tag{5.32}$$

となる．よって

$$U^+ = y^+ \tag{5.33}$$

の流速分布が得られる．y^+ は壁近くの領域でも壁から少し離れると大きな値になるので，$y^+ \gg 1$ に対しては

$$\frac{dU^+}{dy^+} \approx \frac{1}{ky^+} \tag{5.34}$$

が成り立つ．これより

$$U^+ = \frac{1}{k}\ln y^+ + A \tag{5.35}$$

の対数流速分布式が導出される．滑面上の乱流の場合には，実験より $k = 0.4 \sim 0.41$, $A = 3.7 \sim 5.5$ の値が得られている．

このように，壁近くの領域で無次元化した平均流速 U^+ が y^+ のみの関数として与えられることは，平行平板間の流れのみならず，前節の円管内流れ，第 9 章の境界層流れなどでも確かめられており，この普遍的な U^+ と y^+ の関係を壁法則と呼ぶ．

この U^+ と y^+ の関係を図示すると図 5.8 のようになる．図中の実線が実測値のベストフィット曲線を示す．

以上のようにレイノルズ応力 $-\rho\overline{uv}$ を混合距離などを用いて簡単な y や $\overline{U}$ のみの関数として仮定すれば $\overline{U}$ の分布を近似的に求めることができるが，精度のある流速分布を求めるためには，$-\rho\overline{uv}$ をより正確にモデル化しなければならない．この乱流モデリングについては，高度な知識を要求するので乱流の専門書 (Pope

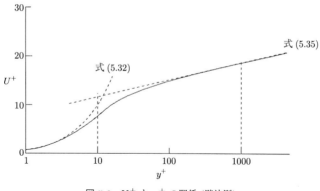

図 5.8　U^+ と y^+ の関係 (壁法則)

2000, 木田ら 1999) に説明を譲りたい.

いっぽう, 式 (5.2) と式 (5.3) の連続の式と運動方程式を直接コンピュータを用いて解くことができればよいが, 乱流の場合には大小さまざまな渦が存在するため数値計算には最小の渦スケールに相当する小さな時間空間分解能が要求されるので容易ではない. この最小の渦スケールはコルモゴロフスケール (Kolmogorov scale) η と呼ばれ, この小さなスケールで乱流の持つ運動エネルギーは粘性の作用によって熱エネルギーに変換され消散していく. 図 4.1 に示す平行平板間の流れで $H = 0.1$ m, 平均流速 $\langle U \rangle = 0.1$ m/s の水の流れを考えた場合, 渦の最大スケールは 0.1 m 程度で最小スケール η は 100 μm 程度であるため, 100 μm 程度の空間分解能 η を平均流速で除した値の半分に相当する, 0.5 ms 程度の時間分解能をもつ数値計算が必要である. この計算では 0.1 m 立方の空間を η^3 の大きさをもつ $10^9 (= Re^{\frac{9}{4}})$ 個の立方体要素に分割して各要素における流速と圧力を与え, 連続の式および運動方程式を満たすように数値的に解を探す作業をしなければならない. この作業はスーパーコンピュータを利用したとしても面倒であり, ましてや平均断面流速や流路が大きな工業装置などの実用スケールの流路内での高レイノルズ数を持つ流れに対しては計算は困難を極め何らかの乱流モデルを利用することが必要となる. この乱流の直接数値計算法などについては, 専門書 (梶島 2014, 保原ら 1992, 大宮司ら 1998) を参照されたい.

演習問題

5.1 内径 10 cm の滑らかな壁面を持つ円管内に密度 1.20 kg/m^3，粘性係数 1.80×10^{-5} Pa·s の空気が流れているとする．この流れを乱流にするには流量 Q をいくら以上にすればよいか．

5.2 円管内の乱流において式 (5.25) で $n=7$ の場合，断面平均流速と管内中心部の最大流速の比 a の値は層流の場合の値とどれだけ異なるかを示せ．また，その差が生まれる物理的理由を述べよ．

5.3 半径 $R=10$ cm の円管内の乱流において $r=0$ の中心位置での最大流速 $\overline{U}_{\max}$ が 10 cm/s で流速分布が式 (5.25) の 1/7 乗則に従い，混合距離 ℓ が $\ell = 0.4(R-r)$ で与えられたとする．混合距離理論が成立するとして，$r=0.9R$ の位置において乱流拡散係数 ε が動粘性係数 ν に比べてどれほど大きな値をとるかを示せ．なお，流体は密度 1000 kg/m^3，粘性係数 1.0×10^{-3} Pa·s の水とする．

第6章　流体運動のマクロ的取り扱い

　第3章で述べたように流体の流速は層流の場合でも乱流の場合でも連続の式と運動方程式の二つの支配方程式を連立させて解くことにより決定される．しかしながら，これらの非線形偏微分方程式を解く場合，第4章で示したように平行平板や円管などの簡単な形状を持つ流路内の定常で発達した層流に対しては解析解を得ることが可能であるものの，形状がやや複雑になれば連続の式と運動方程式をコンピュータを利用して数値的に解かざるを得なくなる．また，第5章で示した乱流の場合，二つの方程式を直接解いて瞬間流速を求めるためには流路内の三次元空間を乱流渦の最小スケールであるコルモゴロフスケール η に相当する非常に小さなメッシュで分割し，また，運動方程式の時間項に対しては乱流渦の最小スケールを平均流速で除した値の半分程度の小さな時間分解能で計算することが必要となる．前章でも示したように，この計算を大きなレイノルズ数 Re を持つ流れに対して実施するにはスーパーコンピュータを長時間駆使しなければならない．瞬間流速ではなく平均流速を求める場合でも第5章に示したように平均操作を施した運動方程式を，その中に現れたレイノルズ応力などに対してモデルを与えたうえで解かねばならず，その計算は簡単ではない．

　しかし，このようなコンピュータを用いた数値計算を行わなくても流路が変化した場合の流速の変化や流路に及ぼす流体力の評価などを近似的に行う簡便な方法があれば流れを理解しやすくなる．そこで本章では，流れを完全流体 (粘性係数 $\mu = 0$ の非粘性流体) の定常な一次元的流れ (流速は主流方向のみに変化する) と仮定してマクロ的に扱うことにより流体の流速および流体が流路などに及ぼす流体力を評価する方法について述べる．なお，この方法ではせん断応力やレイノルズ応力が無視されているので，乱流の平均流速場などに適用する場合は，摩擦や剥離によるエネルギー損失などを別途評価する必要がある．

6.1 流線の概念

図 6.1 に示すように流体中に一つの線 P 〜 Q を考え，その線上の任意の点における接線がその点における流体の流れの方向を示す場合，P 〜 Q を流線と呼ぶ．流れが定常の場合，流体粒子の運動の軌跡がこの流線に一致する．つまり，定常流の場合，マーカーとしての粒子を入れるとこの流線に沿って流れる．

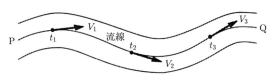

図 6.1　流線の概念図

いま，流体中の任意の閉曲線を考え，その閉曲線上の各点を通る無数の流線によってできる管を流線管あるいは流管と呼ぶ (図 6.2). 当然のことながら流線は交差することなく，流線管の境界面では境界面を横切って通過する流れはない．

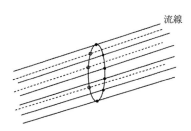

図 6.2　流線管の概念図

いま，流線 s の方向の流速を V，流速 V の x, y, z 方向の流速成分を u, v, w とすると (図 6.3)

$$\frac{dx}{ds} = \frac{u}{V}, \quad \frac{dy}{ds} = \frac{v}{V}, \quad \frac{dz}{ds} = \frac{w}{V} \tag{6.1}$$

の関係が成立する．これより得られる以下の関係式

$$\frac{dx}{u} = \frac{dy}{v} = \frac{dz}{w} \left(= \frac{ds}{V} \right) \tag{6.2}$$

を流線の微分方程式と呼ぶ．

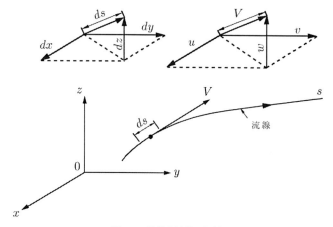

図 6.3 流線と流速の関係

6.2 連続の式 (質量保存則)

図 6.4 に示した断面積の変化する管路内の完全流体 ($\mu = 0$) の一次元的流れを考える．管内のある位置 P における断面積を A_1，流体の密度を ρ_1，流体の流速を v_1，位置 Q における断面積を A_2，密度を ρ_2，流速を v_2 とすると P と Q の断面で質量は保存されるから

$$\rho_1 A_1 v_1 = \rho_2 A_2 v_2 \tag{6.3}$$

となる．これより任意の断面における流体の密度を ρ，断面積を A，流速を v とすると

$$\rho A v = 一定 \tag{6.4}$$

となり，非圧縮性流体では $\rho = $ 一定であるから

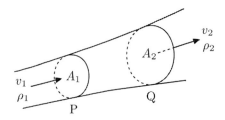

図 6.4 断面が変化する流路内の一次元的流れ

$$Av = 一定 \tag{6.5}$$

となる.この式が一次元的流れをマクロ的に考えた場合の連続の式になる.なお,v は各断面での断面平均流速に相当する.

この関係は,当然であるが流体要素をミクロ的に見た場合に得られた連続の式 (3.13) からも導ける.図 6.5 に示す流れの中に固定した閉曲面 S (検査面) で囲まれた流体要素を考える.S によって囲まれた閉曲面内の体積を V とすると連続の式 (3.13) を体積積分することにより

$$\iiint_V \left(\frac{\partial \rho}{\partial t} + \mathrm{div}\rho\boldsymbol{v}\right)dV = 0 \tag{6.6}$$

を得る.ガウスの定理を用いて面積分に変えると

$$\frac{\partial}{\partial t}\iiint_V \rho dV = -\iint_S \rho v_n dS \tag{6.7}$$

となる.ここで,v_n は閉曲線 S に対する外向きの法線方向の流速成分である.この式は V 内の単位時間の質量の変化が面 S を通って V 内に流入出する質量に等しいことを示している.

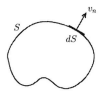

図 6.5 閉曲面 S を通しての流体の出入り

図 6.4 の管路壁と断面 P,Q とからなる部分を閉曲面と考えると,断面 P と Q のみで流体の出入りがあるため法線方向の流速が存在し,非圧縮性流体の場合,式 (6.7) の左辺 $= 0$ であることから

$$\iint_S \rho v_n dS = 0 \tag{6.8}$$

となる.この式は,式 (6.5) にほかならない.

6.3 エネルギーの保存式

完全流体 ($\mu = 0$) を考えると,式 (3.55) あるいは式 (3.60)~(3.62) より μ を含

む粘性項は消去されるので

$$\frac{\partial u}{\partial t} + u\frac{\partial u}{\partial x} + v\frac{\partial u}{\partial y} + w\frac{\partial u}{\partial z} = \alpha_x - \frac{1}{\rho}\frac{\partial p}{\partial x} \tag{6.9}$$

$$\frac{\partial v}{\partial t} + u\frac{\partial v}{\partial x} + v\frac{\partial v}{\partial y} + w\frac{\partial v}{\partial z} = \alpha_y - \frac{1}{\rho}\frac{\partial p}{\partial y} \tag{6.10}$$

$$\frac{\partial w}{\partial t} + u\frac{\partial w}{\partial x} + v\frac{\partial w}{\partial y} + w\frac{\partial w}{\partial z} = \alpha_z - \frac{1}{\rho}\frac{\partial p}{\partial z} \tag{6.11}$$

となる．これらの式をオイラーの運動方程式と呼ぶ．

定常の流れ ($\frac{\partial}{\partial t} = 0$) を考え，左辺第 1 項を消去し，式 (6.9) × dx + 式 (6.10) × dy + 式 (6.11) × dz を計算すると，式 (6.9)〜(6.11) の右辺の合計は

$$右辺 = (\alpha_x dx + \alpha_y dy + \alpha_z dz) - \frac{1}{\rho}\left(\frac{\partial p}{\partial x}dx + \frac{\partial p}{\partial y}dy + \frac{\partial p}{\partial z}dz\right) \tag{6.12}$$

となる．外力が重力のとき

$$\boldsymbol{\alpha} = (\alpha_x, \alpha_y, \alpha_z) = (0, 0, -g) \tag{6.13}$$

であるから，α_x, α_y, α_z を

$$\alpha_x = -\frac{\partial \Omega}{\partial x}, \quad \alpha_y = -\frac{\partial \Omega}{\partial y}, \quad \alpha_z = -\frac{\partial \Omega}{\partial z} \tag{6.14}$$

と置くと

$$\Omega = gz + C \tag{6.15}$$

となる．式 (6.14) を式 (6.12) に代入すると

$$右辺 = -\left(\frac{\partial \Omega}{\partial x}dx + \frac{\partial \Omega}{\partial y}dy + \frac{\partial \Omega}{\partial z}dz\right) - \frac{1}{\rho}\left(\frac{\partial p}{\partial x}dx + \frac{\partial p}{\partial y}dy + \frac{\partial p}{\partial z}dz\right)$$
$$= -d\Omega - \frac{1}{\rho}dp \tag{6.16}$$

となる．いっぽう，左辺の合計は

$$左辺 = dx\left(u\frac{\partial u}{\partial x} + v\frac{\partial u}{\partial y} + w\frac{\partial u}{\partial z}\right) + dy\left(u\frac{\partial v}{\partial x} + v\frac{\partial v}{\partial y} + w\frac{\partial v}{\partial z}\right)$$
$$+ dz\left(u\frac{\partial w}{\partial x} + v\frac{\partial w}{\partial y} + w\frac{\partial w}{\partial z}\right) \tag{6.17}$$

となる．この式 (6.17) に流線の微分方程式 (6.2) を適用すると，つまり，図 6.3 に示す 1 本の流線 s 上で考えると

6.3 エネルギーの保存式

$$\text{左辺} = u\left(\frac{\partial u}{\partial x}dx + \frac{\partial u}{\partial y}dy + \frac{\partial u}{\partial z}dz\right) + v\left(\frac{\partial v}{\partial x}dx + \frac{\partial v}{\partial y}dy + \frac{\partial v}{\partial z}dz\right)$$
$$+ w\left(\frac{\partial w}{\partial x}dx + \frac{\partial w}{\partial y}dy + \frac{\partial w}{\partial z}dz\right)$$
$$= udu + vdv + wdw = d\left(\frac{u^2+v^2+w^2}{2}\right) = d\left(\frac{V^2}{2}\right) \tag{6.18}$$

となる.式 (6.16) と式 (6.18) を等値すれば

$$\frac{1}{\rho}dp + d\left(\frac{V^2}{2}\right) + d\Omega = 0 \tag{6.19}$$

となる.$\rho = $ 一定 (非圧縮性流体) として式 (6.19) を流線 s に沿って積分すると

$$\frac{p}{\rho} + \frac{V^2}{2} + \Omega = \text{一定} \tag{6.20}$$

を得る.式 (6.20) に式 (6.15) を代入すると

$$p + \rho\frac{V^2}{2} + \rho gz = \text{一定} \tag{6.21}$$

となる.この式は非圧縮性 ($\rho = $ 一定) の完全流体 ($\mu = 0$) の定常流の場合には,流線上において,単位体積あたりの流体が持つ圧力エネルギー (p),運動エネルギー ($\frac{1}{2}\rho V^2$),位置エネルギー (ρgz) の合計が常に一定値をとることを示しており,このエネルギー保存式のことをベルヌーイ (Bernoulli) の式と呼ぶ.

式 (6.21) を ρg で割ると

$$\frac{p}{\rho g} + \frac{V^2}{2g} + z = \text{一定} \tag{6.22}$$

となる.この式中の各項は [m] の単位を持ち,$\frac{p}{\rho g}$ を圧力ヘッド,$\frac{V^2}{2g}$ を速度ヘッド,z を位置ヘッドと呼ぶ.

図 6.6 のような縮小する水平管路内の完全流体の一次元的定常流れを考えると,

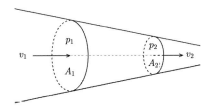

図 **6.6** 水平縮小管路内の完全流体の一次元的流れ

各断面内の流速と圧力が一様であり，流れ方向にのみ変化するから，図中に破線で示す一つの流線上において成立するベルヌーイの式が管路内の流れにも適応でき

$$\frac{v_1^2}{2g} + \frac{p_1}{\rho g} + z_1 = \frac{v_2^2}{2g} + \frac{p_2}{\rho g} + z_2 \tag{6.23}$$

となる．

水平管の場合，$z_1 = z_2$ であるから，

$$\frac{v_1^2}{2} + \frac{p_1}{\rho} = \frac{v_2^2}{2} + \frac{p_2}{\rho} \tag{6.24}$$

となる．また，連続の式 (6.5) より

$$v_1 A_1 = v_2 A_2 \tag{6.25}$$

であるから

$$p_1 - p_2 = \frac{\rho}{2} \left[\left(\frac{A_1}{A_2} \right)^2 - 1 \right] v_1^2 \tag{6.26}$$

となる．この式は，$A_1 > A_2$ となる縮小流れの場合，下流に行くと v_2 が増加し，圧力が下がることを，$A_1 < A_2$ の拡大流れの場合，v_2 は減少し圧力が上がることを示している．もちろん，$A_1 = A_2$ のとき $p_1 = p_2$ となり圧力差はなくなるが，非現実的な $\mu = 0$ の流体を考えているので壁面での摩擦はなく $v_1 = v_2$ となり流体は流れることになる．

図 6.7 に示すように水位を一定に保った大きなタンク内の水が小さなノズルから流れ出ている場合を考え，ノズル出口での摩擦などによるエネルギー損失はないとすると，静止水面からノズル出口までの破線で示す流線上の A 点と B 点にベルヌーイの式を適用することにより

$$p_A + \frac{1}{2}\rho v_A^2 + \rho g h_A = p_B + \frac{1}{2}\rho v_B^2 + \rho g h_B \tag{6.27}$$

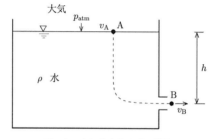

図 **6.7** タンクからの水の流れ

となる. p_A と p_B はともに大気圧 p_{atm} に等しいから $p_A = p_B = p_{atm}$, A 点の水面は変化しないと仮定しているから $v_A = 0$, A 点と B 点の高低差を $h\ (= h_A - h_B)$ とすると式 (6.27) よりノズル出口の流速は

$$v_B = \sqrt{2gh} \tag{6.28}$$

となる.

これらの連続の式 (6.5) とベルヌーイの式 (6.21) は，後の章で述べる流路の設計などの計算や流体の流速，および流量の計測法にも応用される．

6.4　運動量の保存則

ニュートンの第 2 法則によれば物体の持つ運動量の単位時間あたりの変化は物体に働く力に等しい．よって，図 6.8 に示す質量 M の物体に力 F を t 秒間加えて物体の速度が v_1 から v_2 に変化したとすると，

$$F = \frac{Mv_2 - Mv_1}{t} \quad [\mathrm{N}] \tag{6.29}$$

の関係が成立する．つまり，加えた力は単位時間の運動量の増加として保存される．このことを運動量の保存則という．

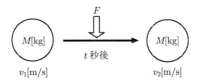

図 6.8　加えた力と運動量の変化

次に，この運動量保存則を流体に適用することを考える．流体が図 6.9 のような管路内を流れる場合を考える．

入口と出口の断面積を A_1, A_2, 流速を v_1, v_2, 流量を Q, 圧力を p_1, p_2 とし，流体が曲管に及ぼす力を全体として積分した値の x, y 方向成分を F_x, F_y とすると，運動量の保存則から

(x 方向の運動量保存)

$$\rho Q(v_2 \cos\alpha_2 - v_1 \cos\alpha_1) = A_1 p_1 \cos\alpha_1 - A_2 p_2 \cos\alpha_2 - F_x \tag{6.30}$$

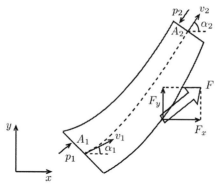

図 6.9 曲り管路内の流れ

(y 方向の運動量保存)

$$\rho Q(v_2 \sin \alpha_2 - v_1 \sin \alpha_1) = A_1 p_1 \sin \alpha_1 - A_2 p_2 \sin \alpha_2 - F_y \quad (6.31)$$

注：流体が壁から受ける力は反作用でマイナスとなる

を得る．また，質量保存則から

$$Q = A_1 v_1 = A_2 v_2 \quad (6.32)$$

となる．よって，

$$F_x = \rho Q(v_1 \cos \alpha_1 - v_2 \cos \alpha_2) + A_1 p_1 \cos \alpha_1 - A_2 p_2 \cos \alpha_2 \quad (6.33)$$

$$F_y = \rho Q(v_1 \sin \alpha_1 - v_2 \sin \alpha_2) + A_1 p_1 \sin \alpha_1 - A_2 p_2 \sin \alpha_2 \quad (6.34)$$

$$F = \sqrt{F_x^2 + F_y^2} \quad (6.35)$$

となる．このことは，管の出入口の流速と圧力がわかれば流体が曲り管に及ぼす力を，一次元の完全流体の流れを仮定することにより評価できることを示している．なお，ここで図 6.9 中の破線に沿って出口と入口の圧力と流速に対してベルヌーイの式を適用する場合には，F に摩擦力の効果は含まれないが，p_1, p_2 および v_1, v_2 に実測値を与える場合には F は摩擦力をも考慮したものとなる．ここで示した運動量保存則も当然のことながら，微小流体要素に対して得られた運動方程式 (3.58)

$$\rho \frac{D\boldsymbol{v}}{Dt} = \boldsymbol{F} - \nabla p + \nabla \cdot \tau \quad (3.58)$$

から求められる.

いま,完全流体の場合,$\mu = 0$ であるからせん断応力 τ は $\tau = 0$ とすると式 (3.58) は

$$\rho \frac{D\boldsymbol{v}}{Dt} = \boldsymbol{F} - \nabla p \tag{6.36}$$

となる.この式を図 6.5 に示した閉曲面 S で囲まれた体積 V に対して積分すると,

$$\iiint_V \left(\rho \frac{D\boldsymbol{v}}{Dt} - \boldsymbol{F} + \nabla p \right) dV = 0 \tag{6.37}$$

となる.ここで,

$$\frac{D\boldsymbol{v}}{Dt} = \frac{\partial \boldsymbol{v}}{\partial t} + \boldsymbol{v} \nabla \boldsymbol{v} \tag{6.38}$$

であるから,ガウスの定理を用いて面積分に変換すると,

$$\frac{\partial}{\partial t} \iiint_V \rho \boldsymbol{v} dV = -\iint_S \rho \boldsymbol{v} v_n dS - \iint_S p \boldsymbol{n} dS + \iiint_V \boldsymbol{F} dV \tag{6.39}$$

となる.ここで,$\boldsymbol{n}$ は閉曲面 S に対する単位法線ベクトルである.流れが定常の場合には左辺 $= 0$ であるから右辺も 0 とならねばならない.この式は運動量と圧力と外力がバランスする運動量保存則にほかならない.

以上に示した運動量の保存則を適用すると,流体が物体に及ぼす力を簡単に評価することができる.

〈自由噴流が衝突する平板に沿う流れ〉

図 6.10 のように流体が平板に衝突するときに働く力を考える.ベルヌーイの式を破線で示す流線上にある A 点と B 点,さらに A 点と C 点に適用し,A,B,C

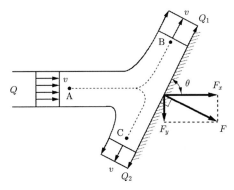

図 6.10 平板に衝突する流れ

の三点の高低差は無視できると仮定すると

$$\frac{v_{\mathrm{A}}^2}{2g} + \frac{p_{\mathrm{A}}}{\rho g} = \frac{v_{\mathrm{B}}^2}{2g} + \frac{p_{\mathrm{B}}}{\rho g} = \frac{v_{\mathrm{C}}^2}{2g} + \frac{p_{\mathrm{C}}}{\rho g} = 一定$$

であり,噴流の内部と外部で圧力が等しいとすると,$p_{\mathrm{A}} = p_{\mathrm{B}} = p_{\mathrm{C}} = $ 一定 より流速 $v_{\mathrm{A}} = v_{\mathrm{B}} = v_{\mathrm{C}} = v$ (一定) となり,平板に衝突後に生じる平板に沿う流れも同一の流速 v を持つ.

平板に垂直な方向に対しては噴流は $v \sin\theta$ の流速で衝突し流速はゼロとなるから,運動量保存則より

$$0 - \rho Q v \sin\theta = -F \tag{6.40}$$

よって

$$F_x = F \sin\theta = \rho Q v \sin^2\theta \tag{6.41}$$

$$F_y = F \cos\theta = \rho Q v \sin\theta \cos\theta \tag{6.42}$$

となる.衝突後の平板に沿っての流れは,平板との間の摩擦力がないとすると,運動量の保存則より

$$\rho Q v \cos\theta = \rho Q_1 v - \rho Q_2 v \tag{6.43}$$

となる.また,連続の式より

$$Q = Q_1 + Q_2 \tag{6.44}$$

であり,式 (6.43) および式 (6.44) より

$$Q_1 = Q(1 + \cos\theta)/2 \tag{6.45}$$

$$Q_2 = Q(1 - \cos\theta)/2 \tag{6.46}$$

が得られる.また,図 6.10 の平板が噴流と同一方向に u の速度で動く場合には,相対速度が $v - u$ であるから,平板に衝突する流量 Q' は

$$Q' = Q\frac{v - u}{v} \tag{6.47}$$

となるので F は

$$F = \rho Q'(v - u)\sin\theta = \rho Q \frac{(v - u)^2}{v}\sin\theta \tag{6.48}$$

で与えられる.

⟨管内での噴流⟩

管径 D の管路内に管径 d のノズルから周囲流よりも速い流速 v_0 で流体を噴出した場合，管路内の流れが断面 1 で v_1 となり下流の断面 2 で一様な流速 v_2 になったとする (図 6.11)．

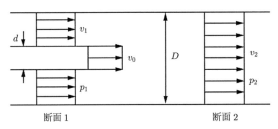

図 6.11 管路内での噴流

このとき，断面 2 を流出する運動量は

$$\frac{\pi D^2}{4}\rho v_2^2$$

であり，断面 1 に流入する運動量は

$$\frac{\pi}{4}(D^2 - d^2)\rho v_1^2 + \frac{\pi}{4}d^2 \rho v_o^2$$

である．よって，運動量の増加分は

$$\rho \frac{\pi}{4}\left[D^2 v_2^2 - (D^2 - d^2)v_1^2 - d^2 v_0^2\right]$$

となる．

いっぽう，流体に働く力は

$$\frac{\pi}{4}D^2(p_1 - p_2) \tag{6.49}$$

であるから，これらに運動量保存則および連続の式を適用すると

$$p_2 - p_1 = \rho \frac{d^2}{D^2}\frac{D^2 - d^2}{D^2}(v_0 - v_1)^2 \tag{6.50}$$

を得る．右辺 > 0 より $p_2 > p_1$ となる．

⟨風車が受ける力⟩

風車 (図 6.12) の外側では圧力は一定であるからベルヌーイの式より流速 v_0 は

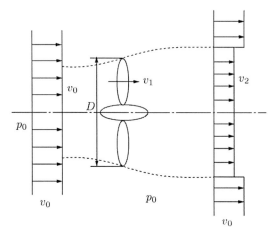

図 6.12 風車前後の流れ

一定となる.

風車の前後に運動量保存則を適用すると風車が受ける力は

$$F = \rho Q(v_0 - v_2)$$

となる.ここで

$$Q = \frac{\pi}{4}D^2 v_1$$

であるから,

$$F = \rho \frac{\pi}{4}D^2 v_1(v_0 - v_2) \tag{6.51}$$

が得られる.

6.5 角運動量の保存則

質量 M の物体が半径 r,回転速度 v で回転する場合の角運動量は,

$$\text{角運動量} = \text{慣性モーメント} \times \text{角速度} = Mr^2 \times \frac{v}{r} = Mrv \tag{6.52}$$

で与えられる.この物体に与える回転力 T (トルクと呼ぶ) は単位時間の角運動量の変化

6.5 角運動量の保存則

トルク T [N·m] ＝ 角運動量の単位時間の変化

＝ 慣性モーメント × 角加速度

である．回転運動している物体にトルク T が作用して角運動量が変化する場合に成り立つこの関係を角運動量の保存則と呼ぶ．

図 6.13 の曲管内を流体が流れる場合の角運動量の保存について考える．

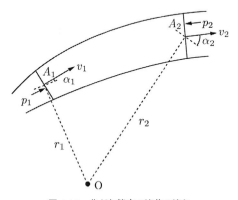

図 **6.13** 曲がり管内の流体の流れ

断面積 A_1 から A_2 の間を流量 Q で流れる流体が管壁に及ぼす力により管を軸 O の周りに回そうとするトルクを T (反時計方向を正とする) とすると，角運動量の保存式より

$$T = \rho Q(r_2 v_2 \cos\alpha_2 - r_1 v_1 \cos\alpha_1) - A_1 p_1 r_1 \cos\alpha_1 + A_2 p_2 r_2 \cos\alpha_2 \quad (6.53)$$

となる．この関係を図 6.14 に示す遠心ポンプの羽根車内の矢印で示す流れに適用すると，圧力の方向は軸中心を通る線と同じ方向でありゼロとなるから反時計方向を正としてトルクは

$$T = \rho Q(r_2 v_2 \cos\alpha_2 - r_1 v_1 \cos\alpha_1) \quad (6.54)$$

で与えられる．回転軸に与える仕事率 (動力) P_w は羽根車の角速度を ω とすると

$$P_\mathrm{w} = T\omega \quad [\mathrm{m^2 \cdot kg/s^3}] \quad (6.55)$$

となる．

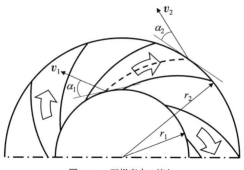

図 6.14 羽根車内の流れ

演 習 問 題

6.1 図に示すように密度 ρ の流体が流速 v の噴流状態で円弧形の翼に沿って方向を変えながら流量 Q で流れている場合を考える．この円弧形翼に働く力 F を求めよ．なお，重力と粘性の影響を無視する．

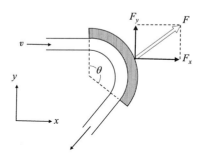

6.2 図に示すように密度 ρ の流体が流速 v，流量 Q の噴流状態で上下対称の弧形の物体に衝突し方向を変えながら流れている場合を考える．この物体に作用する力 F を

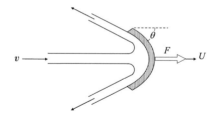

求めよ．また，この物体が速度 U で右方向に水平に動くときの力 F を求めよ．なお，重力と粘性の影響を無視する．

6.3 図に示すスプリンクラーのような回転装置において密度 ρ の流体が回転中心部に供給され，長さ l のアームを持つ内径 d の二つのノズルから流速 v で反時計回りの方向に噴出しているとする．このアームが周速度 u で時計方向に回転する場合，この回転装置に働く動力 P_w と流体が失う運動エネルギー L を求めることによりこの回転装置の効率 η を求めよ．

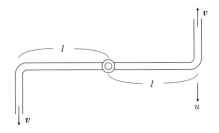

6.4 図に示すように，大きな貯水槽の水面から H の位置の左右に断面積 a および $A\,(>a)$ を持つ二つのノズルがあり，それぞれのノズルから密度 ρ の水が流速 u と U で左右に流出するものとする．貯水槽の断面積は，a および A に比べてはるかに大きいため H の時間的変化は無視でき，また，水の粘性およびノズル部での圧力損失なども無視できるものとする．このとき，流速 u と U，および，貯水槽が水平方向に受ける力 F とその方向を示せ．

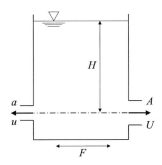

6.5 図 6.7 においてノズルからの水の流出により水位が時間の経過とともに低下したとする．タンクの断面積を A，ノズルの断面積を a として水位 h の時間的変化を示せ．なお，ノズル出口などでのエネルギー損失はないものとする．

第7章 流路内の圧力損失

前章では粘性のない完全流体の一次元的流れを仮定し，流体が流路に及ぼす力を評価した．しかし，この方法を用いて水平管路内の発達した流れを考えると，管路の水平方向長さ L の区間において断面平均流速は変化しないため運動量が一定となり，運動量の保存則から区間両端の圧力差も生じないことになる．つまり，圧力差がなくても管路内を流体が流れるという矛盾が生じる．これは管路内の摩擦によるエネルギー損失を無視しているからであり，この方法では，流路内にどの程度の圧力差をつければどの程度の流量が得られるかや，流路形状の急変などによって発生する流れの剥離に伴う渦によるエネルギー損失がどの程度になるかなどを予測することはできない．しかし，流路の入口部にどの程度の圧力を加えれば出口で所要の流量が得られるかなどを予測することは，配管やポンプの選定などの流体プロセスの設計を行ううえで必要となる．

そこで，本章では，流れを一次元的流れとして扱いながらも流路内の摩擦や剥離による渦生成などに起因するエネルギー損失を圧力損失の形で評価する簡便な方法について述べる．

7.1 管路内の圧力損失の計算法

図 7.1 に示す管径 D $(=2R)$ の水平管路内を断面平均流速 $\langle U \rangle$ で流れる密度 ρ の流体が管壁に及ぼす力 F について考える．z 方向に長さ L 離れた A, B 点での圧力を p_1, p_2 とすると発達した流れの場合の z 方向の運動量収支は

$$\rho \langle U \rangle^2 \pi R^2 - \rho \langle U \rangle^2 \pi R^2 = p_1 \pi R^2 - p_2 \pi R^2 - F \tag{7.1}$$

となる．第6章のように完全流体 $(\mu = 0)$ を考えれば $F = 0$ であるので $p_1 = p_2$ となり，圧力差がなくても流体が流れることになる．しかし，現実の流体では

7.1 管路内の圧力損失の計算法

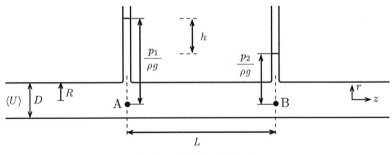

図 **7.1** 管路内の圧力損失

$\mu \neq 0$ であり管壁での流体摩擦 F が存在するので，上式より

$$F = (p_1 - p_2)\pi R^2 \tag{7.2}$$

となり圧力差 $p_1 - p_2$ によって流体は流れることになる．

いま，便宜上，この F が

$$F = fAK \tag{7.3}$$

で与えられると仮定する．ここで

- f : 摩擦係数 [–]
- A : 摩擦力が働く壁の面積 [m^2]
- K : 単位体積あたりの流体の持つ運動エネルギー [kg/m·s^2]

である．

式 (7.3) を管路内の発達した流れに適用すると

$$F = f(2\pi RL)\left(\frac{1}{2}\rho\langle U\rangle^2\right) = (p_1 - p_2)\pi R^2 \tag{7.4}$$

であるから

$$\Delta p = p_1 - p_2 = 4f\frac{L}{D}\frac{\rho\langle U\rangle^2}{2} \tag{7.5}$$

となる．ヘッド h [m] に換算すると

$$h = \frac{\Delta p}{\rho g} = 4f\frac{L}{D}\frac{\langle U\rangle^2}{2g} \tag{7.6}$$

となる．また，z 方向の流速を U とすると，管壁に働く F は厳密には壁面でのせん断応力を積分した

$$F = \int_0^L \int_0^{2\pi} \left(-\mu \frac{\partial U}{\partial r}\right)\bigg|_{r=R} R\, d\theta dz \tag{7.7}$$

で定義されるから，式 (7.4) より

$$f = \frac{\int_0^L \int_0^{2\pi} \left(-\mu \frac{\partial U}{\partial r}\right)\bigg|_{r=R} R\, d\theta dz}{2\pi R L \frac{1}{2} \rho \langle U \rangle^2} \tag{7.8}$$

となる．$U^* = U/\langle U \rangle$, $r^* = r/D$, $z^* = z/D$, $p^* = (p - p_1)/\rho \langle U \rangle^2$, $Re = \frac{D\langle U \rangle \rho}{\mu}$ を用いて無次元化すると

$$f = \frac{1}{\pi} \frac{D}{L} \frac{1}{Re} \int_0^{L/D} \int_0^{2\pi} \left(-\frac{\partial U^*}{\partial r^*}\right)\bigg|_{r^* = \frac{1}{2}} d\theta dz^* \tag{7.9}$$

となる．また，運動方程式から半径方向の流速勾配は r^*, θ, z^*, Re の関数 G

$$\frac{\partial U^*}{\partial r^*} = G(r^*, \theta, z^*, Re) \tag{7.10}$$

となるから，結局 f は

$$f = G(Re, L/D) \tag{7.11}$$

となり，Re と L/D の関数として与えられる．さらに発達した流れの場合，$\frac{\partial U^*}{\partial r^*}$ は z^* には依存しないので

$$\frac{D}{L} \int_0^{L/D} dz^* = \frac{D}{L} \frac{L}{D} = 1$$

であり，f は

$$f = G(Re) \tag{7.12}$$

となる．つまり，f は Re のみの関数となる．

〈層流の場合〉

式 (4.32) より

$$\frac{dU}{dr} = \frac{\Delta p}{2\mu L} r \tag{7.13}$$

であり，また，式 (4.36) より平均流速 $\langle U \rangle$ は

$$\langle U \rangle = \frac{\Delta p R^2}{8\mu L} \tag{7.14}$$

で与えられるから，式 (7.8) に代入すると摩擦係数

$$f = \frac{16}{Re} \tag{7.15}$$

が得られる．

〈乱流の場合〉

第5章で示したように乱流の場合は平均流速 $\overline{U}$ の分布は解析的には求められないから式 (7.8) の U に $\overline{U}$ を代入して f を求めることはできず，式 (7.5) を用いて実験的に圧力損失を決定しなければならない．実験により得られた摩擦係数 f と Re の関係は図 7.2 に示すような分布で与えられる．なお，この f と Re の相関図はムーディ線図と呼ばれ機械工学便覧や化学工学便覧などに詳細な図が与えられているので，このムーディ線図を用いて壁面の状態 (粗度) に応じて Re に対する f を決定することができる．管路が滑面壁の場合には f は近似的に実験相関式

$$f = 0.0791 Re^{-\frac{1}{4}} \qquad \text{(ブラジウスの式)} \tag{7.16}$$
$$(10^3 \leq Re \leq 10^5)$$
$$f = 0.0008 + 0.0553 Re^{-0.237} \qquad \text{(ニクラゼの式)} \tag{7.17}$$
$$(10^5 \leq Re)$$

で与えられる．

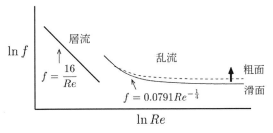

図 **7.2** ムーディ線図の概形

粗面壁の場合には，壁面の粗度に応じて f が増加するのでムーディ線図を用いて Re に対する f を求めなければならない．この f を式 (7.5) に代入することにより圧力損失が求まる．

図 7.3 に示すように円管以外の断面を持つ流路の場合の圧力損失は壁面摩擦応力を τ_w，流体と壁とが接触する濡れ辺長さを S，流路の主流方向の長さを L，流

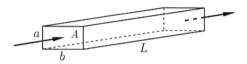

図 **7.3** 円管以外の断面を持つ流路内の圧力損失

路断面積を A, 圧力差を Δp とすると流路に及ぼす摩擦力 F は

$$F = \tau_w SL = \Delta p A \tag{7.18}$$

となる．この流路を内径 d, 長さ l の円管と仮定すれば

$$\Delta p = \tau_w \frac{SL}{A} = \frac{\tau_w(2a+2b)L}{ab} \approx \frac{\tau_w(\pi d)L}{\frac{\pi}{4}d^2} \quad \text{（円管相当）} \tag{7.19}$$

となるから

$$d = \frac{4ab}{2(a+b)} = \frac{4A}{S} \tag{7.20}$$

が得られる．

式 (7.20) の d のことを水力相当直径と呼び，この d を用いて円管以外の流路内流れを円管内流れと同様に扱うことにより，式 (7.5) より圧力損失を近似的に求めることができる．

7.2　管路系の各種の圧力損失

前節で示したように直管部分の圧力損失は式 (7.5) で求められるが，これ以外にも流路の急な形状変化等により流路内に剥離が発生し，それに伴う渦により運動エネルギーが奪われ熱エネルギーに変換されるため圧力損失が生じる．これらの圧力損失についても式 (7.6) に示すヘッド h [m] の形で経験的な係数を用いることにより便宜的に与えられる．以下に種々の流路形状変化に伴う圧力損失の推算方法を示す．

(1) 入口部の圧力損失

圧力損失が

$$h = \frac{\Delta p}{\rho g} = \zeta \left(\frac{v^2}{2g}\right) \tag{7.21}$$

で表されるものとし，図 7.4 に示す形状に対して各係数 ζ が実験的に求められている．

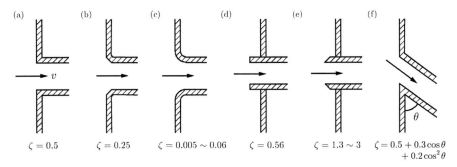

図 **7.4** 管路入口部の圧力損失

(2) 急拡大による圧力損失

図 7.5 に示すように急拡大部には剥離に伴う渦により圧力損失が生じる．この場合，連続の式より

$$A_1 v_1 = A_2 v_2 \tag{7.22}$$

であり，急拡大部の断面にかかる圧力損失はベルヌーイの式と運動量の保存則を適用することにより

$$h = \frac{\Delta p}{\rho g} = \frac{(v_1 - v_2)^2}{2g} = \frac{(1 - A_1/A_2)^2 v_1^2}{2g} \tag{7.23}$$

で与えられる．このとき $A_2 \gg A_1$ なら $v_2 \approx 0$ より

$$h = \frac{v_1^2}{2g} \tag{7.24}$$

となる．このことは入口側の管内の運動エネルギーが圧力損失，つまり，剥離による渦に奪われて出口損失となることを示している．

(3) 急縮小による損失

流路が急に縮小する場合には図 7.6 のように縮小部分で剥離による渦が発生し

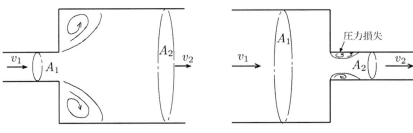

図 **7.5** 急拡大部の圧力損失　　　　図 **7.6** 急縮小管内の圧力損失

圧力損失が生じる．この場合の圧力損失もヘッド h を用いて

$$h = \frac{\Delta p}{\rho g} = \zeta \frac{v_2^2}{2g} \quad (7.25)$$

で与えられる．A_2/A_1 に依存する係数 ζ の値については化学工学便覧や機械工学便覧などに与えられている．

(4) 管内のオリフィスによる損失

流体の計測法に関する第8章に示すように管路内の流量を計測する目的で図7.7に示す中心部に孔をあけた円盤を挿入するオリフィスがある．このオリフィスによる圧力損失も

$$h = \frac{\Delta p}{\rho g} = \zeta \frac{v^2}{2g} \quad (7.26)$$

で与えられる．A_0/A_1 および A'/A_0 に対する ζ の値についても化学工学便覧や機械工学便覧などに与えられている．

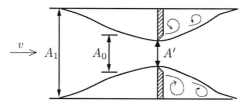

図 **7.7** 管内オリフィスによる圧力損失

(5) 広がり管

管路が図7.8のように広がる場合にも圧力損失が生じる．この場合の圧力損失は

$$h = \frac{\Delta p}{\rho g} = \xi \frac{(v_1^2 - v_2^2)}{2g} = \xi \frac{(1 - (A_1/A_2)^2)v_1^2}{2g} \quad (7.27)$$

で与えられる．ξ の値については化学工学便覧，機械工学便覧などに与えられている．

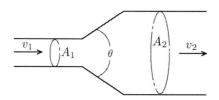

図 **7.8** 広がり管における圧力損失

(6) 曲り管の損失

図 7.9 に示す曲り管の場合にも流れが剥離を起こし逆流を伴う渦が作られ圧力が損失する．この場合の圧力損失も

$$h = \frac{\Delta p}{\rho g} = \zeta \frac{v^2}{2g} \tag{7.28}$$

で与えられる．ζ の値は曲り角度，管中心の曲率半径と管径の比により決定され，その値については化学工学便覧や機械工学便覧などに与えられている．

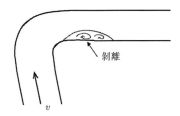

図 **7.9** 曲り管における圧力損失

(7) 分岐・合流管における損失

図 7.10 および図 7.11 に示す分岐や合流を伴う管路内においても圧力損失が生じる．1 で示す管路が 2 と 3 で示す管路に分岐する際の圧力損失を h_{d12} および h_{d13} とすると，それらは

$$h_{d12} = \zeta_{d12} \frac{v_1^2}{2g}, \quad h_{d13} = \zeta_{d13} \frac{v_1^2}{2g} \tag{7.29}$$

で与えられる．

合流管に対しても同様に

$$h_{c13} = \zeta_{c13} \frac{v_3^2}{2g}, \quad h_{c23} = \zeta_{c23} \frac{v_3^2}{2g} \tag{7.30}$$

で与えられる．ζ_{d12}, ζ_{d13}, ζ_{c13}, ζ_{c23} については，化学工学便覧や機械工学便覧などに与えられている．

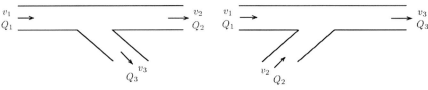

図 **7.10** 分岐管における圧力損失　　図 **7.11** 合流管における圧力損失

(8) バルブなどの管付属物による圧力損失

管路の形状変化以外にもバルブなどの管付属物による圧力損失もあり，これらについても形状変化の場合と同様にヘッドの形で圧力損失が評価できる．これらについても化学工学便覧や機械工学便覧などに与えられている．

以上に管路内の各種の圧力損失の推算方法を示したが，管路系において縮小，拡大，分岐，合流などが共存する場合には式 (7.21)～(7.30) で与えられた圧力損失を合計することにより，全圧力損失をヘッドの形で

$$h = h_1 + h_2 + \cdots$$

として推算することができる．

7.3 流体輸送ポンプの選定

管路内に流体を流す場合には，図 7.12 に示すようにポンプなどが必要となる．このポンプの選定にあたってはポンプの揚程と呼ばれるヘッドに相当する圧力を加えることができるようにしなければならない．図 7.12 に示す管路系で水を汲み上げる場合の全揚程 H [m] は次式を満たさなければならない．

$$H \geq Z + \Delta h_\mathrm{d} + \Delta h_\mathrm{s} + \frac{1}{2g}(u_\mathrm{d}^2 - u_\mathrm{s}^2) \tag{7.31}$$

ここで u_s は吹込側配管内の流速，u_d は吐出側配管内の流速，Δh_s は吹込側配管での圧力損失，Δh_d は吐出側配管での圧力損失である．

ポンプの動力 P_w [W] は流量を Q [m^3/s]，密度を ρ [kg/m^3] として

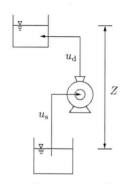

図 **7.12** ポンプによる水の汲み上げ

$$P_\mathrm{w} = \rho g Q H \tag{7.32}$$

となる．実際のポンプでは，ポンプ効率を考慮しなければならないので動力はこの値よりも大きなものが必要となる．この他に，ポンプ選定においては，流量，流体の種類や，ポンプの入口部に局所的な低圧域が生じることにより発生するキャビテーションの防止など，考慮しなければならない重要な問題がある．これらについては，化学工学便覧などを参照されたい．

演 習 問 題

7.1 式 (7.23) を導出せよ．

7.2 図に示すように大きな貯水タンクから内径 d，長さ L のパイプを使って水を貯水槽の液面から H だけ低い位置で大気中に放流している．摩擦係数を f として，パイプ内の断面平均流速 v を求めよ．また，水の動粘性係数 ν を 10^{-6} m²/s，重力加速度 g を 9.8 m/s² とし，$d = 0.1$ m，$L = 10$ m，$H = 1$ m，$\theta = \pi/4$ の場合に対して，f がブラジウスの式 (7.16) に従うとして断面平均流速 v の値を求めよ．

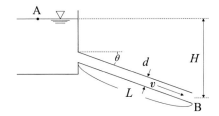

7.3 図に示す A のタンクから B および C のタンクに水が内径 d のパイプを通して流

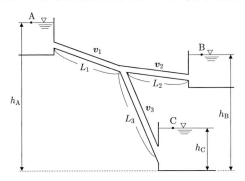

下している．三つのタンクとも液面は変化しないものとする．パイプ内の摩擦損失以外のタンクの出入口および合流部の圧力損失などは無視できるとして，流速 v_1 を求める方法を示せ．なお，摩擦係数 f はどの管路においても一定値をとるものとする．

第8章　流体の計測法

これまで流体の運動を流速を用いて表してきたが，ここではこの流速を実際に計るための代表的な計測器の基本的な計測原理について簡単に紹介する．

8.1 流速測定法

8.1.1 ピトー管

最も簡単で古くから用いられている流速の計測器として図 8.1 に示すピトー管がある．

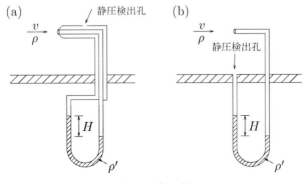

図 8.1　ピトー管

流速 v で流れる密度 ρ の流体中に置かれたピトー管において，ベルヌーイの式からピトー管先端で流体が静止する淀み点の圧力を p_t，流れの中の静圧を p とすると

$$\frac{\rho v^2}{2} + p = p_t \tag{8.1}$$

となる．図 8.1(b) の場合は静圧を流路壁面に小さな孔をあけて計っている．マノ

メータに封入された密度 $\rho'(>\rho)$ の流体の液面差を H とすると

$$v = \sqrt{2\frac{p_\mathrm{t}-p}{\rho}} = \sqrt{2gH\left(\frac{\rho'}{\rho}-1\right)} \qquad (8.2)$$

が得られる．なお，マノメータの封入流体には気流速の測定の場合は水や水銀などの液体を，液流速の測定の場合には計測したい流体と混合しない水銀や有機溶媒などの流体を用いる．また，微差圧などの場合には，マノメータの代わりにピトー管を差圧変換器に直結して圧力が測定される．しかし，ピトー管の場合には圧力応答が速くないので，乱流のように時々刻々変化する流速の瞬間値を計測することは不可能であり時間平均流速しか計測できない．また，圧力計測に関して若干の誤差が生じるので式 (8.2) にピトー管係数と呼ばれる 1 に近い補正係数を掛けたものが使用される．さらに第 12 章で述べるように高速流体の場合には補正が必要となる．

8.1.2　熱線流速計

ピトー管とは違い乱流変動まで計測できる測定器として熱線流速計がある．図 8.2 に示すように温度 T_a の周囲流体の中に置かれた抵抗 R_w，温度 T_w の白金またはタングステンからなる細線 (ワイヤー) に電流 I を流した場合を考える．

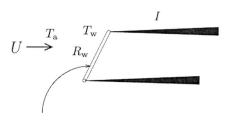

白金線(最小1μm 径) または タングステン線(最小2.5μm 径)

図 8.2　熱線流速計のプローブ

このとき熱線から発生するジュール熱は $I^2 R_\mathrm{w}$ で表される．いま，周囲流体の対流による熱放出量を H [W] とすると発熱量と放熱量がバランスする熱平衡状態では

$$I^2 R_\mathrm{w} = H = h(T_\mathrm{w} - T_\mathrm{a})S \qquad (8.3)$$

となる．ここで，

I : 熱線を流れる電流 [A]
R_{w} : 熱線の抵抗 [Ω]([W/A^2])
h : 熱伝達率 [W/K·m^2]
T_{w} : 熱線の温度 [K]
T_{a} : 流体の温度 [K]
S : 熱線の総伝熱面積 πdL [m^2]
d : 熱線の直径 [m]
L : 熱線の長さ [m]

である．直径 d の円柱周りの熱伝達に関する実験相関式は熱伝導率を λ [W/K·m] とすると，ヌッセルト数 Nu は a, b を実験定数として

$$Nu = hd/\lambda = (a + bRe^n)(T_{\mathrm{m}}/T_{\mathrm{a}})^m \tag{8.4}$$

で与えられる．ここで $Re = Ud/\nu$, $T_{\mathrm{m}} = (T_{\mathrm{w}} + T_{\mathrm{a}})/2$, $n = 0.5$, $m = 0.17$ である．また，I と R_{w} の関係は流速 U に依存し，図 8.3 に示すようになる．式 (8.3) と式 (8.4) よりワイヤーの温度 T_{w} が T_{a} に比べてあまり高くないとき近似的に $T_{\mathrm{w}}/T_{\mathrm{a}} \approx 1$ であるから，実験により

$$I^2 R_{\mathrm{w}} = (T_{\mathrm{w}} - T_{\mathrm{a}})(pU^n + q), \quad n = 0.5 \tag{8.5}$$

の関係が得られる．一般には熱線プローブに接続した電気回路を用いて電流 I を制御することにより T_{w} を一定，つまり，ワイヤーの抵抗 R_{w} を一定に保つ定温度型の熱線流速計が使用される．このとき，$T_{\mathrm{w}} - T_{\mathrm{a}}$ は一定値をとるので熱線プローブの電圧 IR_{w} を計測することにより得られる $I^2 R_{\mathrm{w}}$ を $U^{1/2}$ に対してプロッ

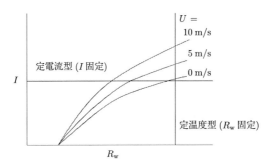

図 **8.3**　熱線プローブに流れる電流と抵抗の関係

トするとデータは図 8.4 のように式 (8.5) に従い直線関係を示す．使用するプローブに対してこの直線となる検定曲線をあらかじめ作成しておけば，電圧 IR_w の値から即座に流速 U を決定することができる．この熱線プローブの径は数 μm 以下と非常に小さいので熱応答がよく，空気中では数 kHz の流速変動にも追随する．

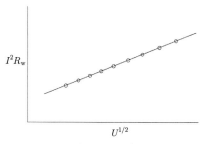

図 8.4　$I^2 R_w$ と $U^{1/2}$ の関係

〈多成分計測〉

流速の 3 成分を計測する場合には熱線用のワイヤーを U の流速を持つ主流方向に対して傾斜させた 3 本のワイヤーを用いる．図 8.5 に示すようにワイヤーを主流方向に角度 ϕ だけ傾けたとき，ワイヤーからの熱損失はワイヤーに垂直な速度成分 $U \cos \phi$ により支配され，平行成分 $U \sin \phi$ には無関係である．しかし，実際にはワイヤーは有限長であるので，軸方向に温度が変化し，軸方向の流れも熱損失に寄与する．この効果を考慮すると速度として感知される有効指示速度 U_{eff} は

$$U_{\text{eff}}^2 = U^2 (\cos^2 \phi + k^2 \sin^2 \phi) \qquad (k \sim 0.2) \qquad (8.6)$$

で与えられる．

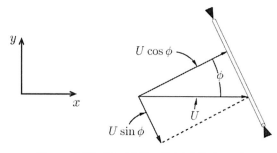

図 8.5　主流に対して角度 ϕ 傾けた熱線プローブ

図 8.6 に示す x, y, z 方向に張った 3 本のプローブを流速 U の流れの中に置いたとすると，それぞれの熱線で感知される有効指示速度は

$$U_{\text{eff}x}^2 = U^2(\cos^2\alpha + k^2\sin^2\alpha) \tag{8.7}$$

$$U_{\text{eff}y}^2 = U^2(\cos^2\beta + k^2\sin^2\beta) \tag{8.8}$$

$$U_{\text{eff}z}^2 = U^2(\cos^2\gamma + k^2\sin^2\gamma) \tag{8.9}$$

となる．ここで

$$\sin^2\alpha + \sin^2\beta + \sin^2\gamma = 1 \tag{8.10}$$

より

$$U = \sqrt{\frac{U_{\text{eff}x}^2 + U_{\text{eff}y}^2 + U_{\text{eff}z}^2}{2+k^2}} \tag{8.11}$$

となる．2本プローブの場合には

$$U = \sqrt{\frac{U_{\text{eff}x}^2 + U_{\text{eff}y}^2}{2+k^2}} \tag{8.12}$$

である．これらの関係より x, y, z 方向の流速が決まる．

この熱線流速計の利点としては (1) 電気回路を含む測定器の価格が安い，(2) 気流に対しては比較的使いやすい，などがあげられる．欠点としては (1) 非接触ではなく流れの中にプローブを入れる必要がある，(2) ゴミや汚れがワイヤーに付

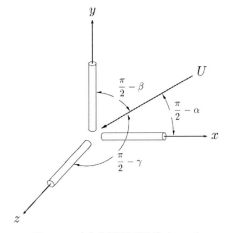

図 8.6　3方向成分測定用熱線プローブ

着する，(3) 水などの液体の場合にはワイヤーを石英コーティングするなど電流漏れを防止する必要があるのと，溶存空気のワイヤーへの付着を防ぐためにはワイヤーの温度をあまり上げにくいので精度の良い流速測定が難しい，(4) 図 8.4 に示す検定曲線の作成が必要である，などがあげられる．

詳しい測定原理などについては専門書 (西岡 1991) を参照されたい．

8.1.3 レーザドップラー流速計 (LDV)

非接触で乱流計測が可能な計測法として 1960 年代にレーザドップラー流速計が開発された．測定原理を以下に略記する．

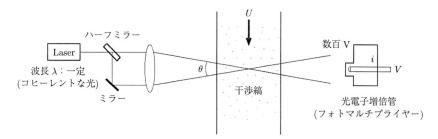

図 8.7 レーザドップラー流速計

図 8.7 に示すようにコヒーレントな波長 λ のレーザビームを角度 θ で交差させると，そこにできる楕円型の交差部に図 8.8 に示すような間隔 d_f をもつ干渉縞が発生する．この間隔 d_f は

$$d_\mathrm{f} = \frac{\lambda}{2\sin(\theta/2)} \tag{8.13}$$

で与えられる．たとえば，$\lambda = 632.8$ nm の He–Ne レーザで $\theta = 20°$ のときは，$d_\mathrm{f} = 1.8$ μm 程度になる．図 8.8 に示すように流体中に含まれたゴミなどの小さな散乱粒子がこの干渉縞の中を通過すると明暗の散乱光が発生し，それをフォトマルチプライヤーと呼ばれる微小な光を電流に変換する光電子増倍管を用いて検知する．その電流の出力信号を電圧として取り出すと図 8.9 に示すような正弦波となる．このとき，正弦波の周波数と流速の間には

$$f = U/d_\mathrm{f} \quad \rightarrow \quad U = f \cdot d_\mathrm{f} \tag{8.14}$$

の関係が成立する．よって，この周波数を読み取り，電圧に変換する周波数–電圧

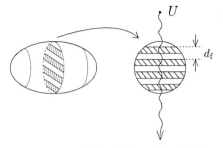
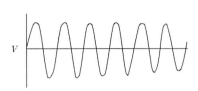

図 8.8 レーザ光線の交差部にできる干渉縞 　　図 8.9 レーザ散乱信号

(f–V) コンバーターを用いれば，瞬時に流速 U を検定曲線などを用いることなく測定することができる．なお，入射レーザ光をあらかじめ周波数シフターを用いて周波数 f_s だけシフトさせておくことにより，$f = f_s + U/d_f$ から U がその方向も含めて決定される．

〈2 成分測定〉

流速の 2 成分を計測する場合には異なる二つの波長を持つアルゴンレーザを分光する方法，または単波長のレーザの場合には $\pi/4$ の角度だけ偏光させる方法を用いる．

図 8.10 に示すようにアルゴンレーザを用いた場合には波長 488 nm の青色と 514 nm の緑色の光が混合レーザ光として出力されるので，それを光学フィルターにより青色と緑色の 2 本の光線に分け，それぞれを 2 本のビームに分けて測定点で青の二つの光線と緑の二つの光線をそれぞれ角度 θ_1, $\theta_2 (\approx \theta_1)$ で交差させる．このとき図 8.10 に示す緑色と青色のそれぞれの干渉縞が直交する形で生じる．

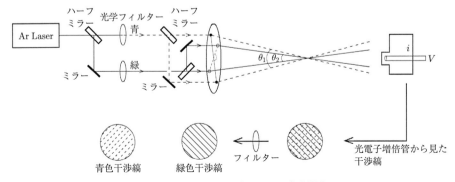

図 8.10 アルゴンレーザを用いた 2 成分計測

いま，青の干渉縞を横切る散乱粒子から式 (8.13) および式 (8.14) により測定される流速を V_B，緑の干渉縞を横切る散乱粒子から測定される流速を V_G とするとそれぞれの色の 2 本の光線が作る平面が x–y 軸から角度 ϕ だけ傾いている場合，次式で与えられる (図 8.11)．

$$u = V_G \sin\phi + V_B \cos\phi \tag{8.15}$$

$$v = V_G \cos\phi - V_B \sin\phi \tag{8.16}$$

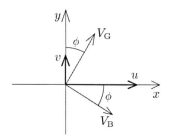

図 8.11　LDV による流速 2 成分の測定

同様に，流速の 3 成分の計測には，もう一つの波長の異なるレーザ光 2 本を用い，合計 6 本の光線が測定点で交差するようにセットすればよい．

このレーザドップラー流速計 (LDV) の利点としては (1) 非接触で流速測定が可能である，(2) 検定曲線が不要である，(3) 水などの液体の流速測定が比較的容易である，などがあげられるが，欠点としては (1) 高価である，(2) 干渉縞間隔相当の大きさの散乱粒子を十分な散乱光が得られるように流体中に混ぜておく必要がある，などがあげられる．

8.1.4　そ の 他

その他にも気流の測定方法として超音波流速計もある．また，局所の一点の測定ではなく，測定平面上にある多くのレーザ散乱粒子の動きを高速度カメラを用いて画像情報としてとらえ，極短時間の間隔で撮影された画像フレーム中の各粒子の移動距離から平面上の多点における瞬時の流速を計測する粒子画像流速計 (PIV) などが画像の保存や処理に用いるコンピュータと高速度カメラの性能向上に伴い積極的に利用されるようになっている (機械工学便覧 2003)．熱線流速計や LDV

に比べての利点としては局所の点情報ではなく面情報が得られるため乱流渦などの構造を観察することに優れていることなどがあげられる．

8.2 流量の測定法

管内の流体の流量を計測する簡便な方法として，以下に述べるベンチュリ管やオリフィスなどが用いられている．

8.2.1 ベンチュリ管

図 8.12 に示すベンチュリ管においては密度 ρ の流体が流れる管路に断面積を A_1 から A_2 に絞る縮小部を設け，その前後の圧力損失から流量を測定する．

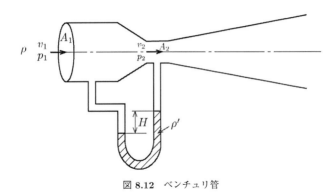

図 8.12 ベンチュリ管

まず，ベルヌーイの式を中心軸上に適用すると，

$$\frac{v_2^2 - v_1^2}{2} = \frac{p_1 - p_2}{\rho} \tag{8.17}$$

となる．連続の式より

$$v_1 A_1 = v_2 A_2 \tag{8.18}$$

であるから

$$v_2 = \frac{1}{\sqrt{1 - (A_2/A_1)^2}} \sqrt{2\frac{p_1 - p_2}{\rho}} \tag{8.19}$$

が得られる．よって流量 Q は

$$Q = A_2 v_2 = \frac{A_2}{\sqrt{1 - (A_2/A_1)^2}} \sqrt{2\frac{p_1 - p_2}{\rho}} \tag{8.20}$$

となる.実際には,断面 A_1 から A_2 までの間で多少のエネルギー損失があるため流量係数 C ($= 0.96\sim0.99$) を用いて補正することにより流量 Q は

$$Q = \frac{CA_2}{\sqrt{1-(A_2/A_1)^2}}\sqrt{2\frac{p_1-p_2}{\rho}} \tag{8.21}$$

で与えられる.

8.2.2 オリフィス

図 8.13 に示すように管路内に中央に孔をあけた円盤状のオリフィスを設置することにより,流量を計測することができる.ベルヌーイの式より

$$p_1 + \frac{\rho}{2}v_1^2 = p_2 + \frac{\rho}{2}v_2^2 \tag{8.22}$$

$$p_1 - p_2 = \frac{\rho}{2}(v_2^2 - v_1^2) \tag{8.23}$$

が得られる.オリフィスから流出する流体が形成する断面積は A_2 よりも小さいから,収縮係数を c として

$$A = cA_2 \tag{8.24}$$

と置く.流量を Q とすると,連続の式より

$$Q = v_1 A_1 = v_2 A \tag{8.25}$$

であるから

$$v_1 = \frac{A}{A_1}v_2 = c\left(\frac{d}{D}\right)^2 v_2 \tag{8.26}$$

であり,式 (8.22) より

$$v_2 = \frac{1}{\sqrt{1-c^2\left(\frac{d}{D}\right)^4}}\sqrt{\frac{2}{\rho}(p_1-p_2)} \tag{8.27}$$

が得られる.実際には式 (8.27) を速度係数 C_v を用いて補正した

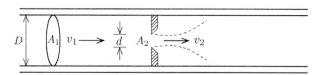

図 8.13 オリフィス

$$v_2 = \frac{C_v}{\sqrt{1-c^2\left(\frac{d}{D}\right)^4}}\sqrt{\frac{2}{\rho}(p_1-p_2)} \tag{8.28}$$

が使用され，Q は

$$Q = \frac{cC_vA_2}{\sqrt{1-c^2\left(\frac{d}{D}\right)^4}}\sqrt{\frac{2}{\rho}(p_1-p_2)} \tag{8.29}$$

で与えられる．

8.2.3 そ の 他

上記のベンチュリ管やオリフィスのような簡便な計測方法のほかにも容積流量計，電磁流量計，渦流量計，熱式流量計，超音波流量計などがある (機械工学便覧 2003, 化学工学便覧 2011).

第9章 平板上の境界層流れ

これまでの章においては,主に平板間や円管などの壁で囲まれた流路内の流れ,つまり,内部流れと呼ばれるものを扱ってきた.しかし,飛行機の翼などの流体の中に置かれた物体周りの流れは,外部流れと呼ばれ我々の身の周りに数多く存在する.そこで,本章以降では,主に外部流れについて説明する.まず,本章では外部流れの内でも物体の形状が最も簡単な平板上の境界層流れについて考える.なお,本章では乱流境界層も扱うので第5章と同様に流速および圧力を大文字を用いて表記している.

9.1 平板境界層の定性的説明

図 9.1 に示すように流速 U_s で流れる密度 ρ,粘性係数 μ の流体中に置かれた平板上に発達する y 方向に流速勾配 $\frac{\partial U}{\partial y}$ を持つ境界層流れについて考える.境界層流れの場合,レイノルズ数 Re_x は次式で定義される.

$$Re_x = \frac{\rho U_\mathrm{s} x}{\mu} \tag{9.1}$$

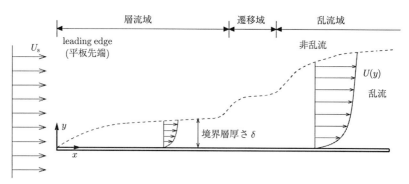

図 9.1 平板上の境界層流れ

9.1 平板境界層の定性的説明

平板境界層内のせん断応力 (図 9.1 の y 軸方向に垂直な平面で x 方向に働く応力) は式 (1.3) より，

$$\tau_{yx} = \tau = \mu \frac{\partial U}{\partial y} \tag{9.2}$$

で表される．壁面上では $U = 0$ であるから，このせん断応力 τ により壁近傍の流体は減速される．x が大きくなると，つまり，下流に行くほど減速流体量は増大し，境界層厚さ δ が増加するとともに流体が不安定になり渦運動を伴う乱流へと遷移する．この乱流への遷移は，滑面平板の場合，式 (9.1) で定義される Re_x がおおよそ $Re_x > 5 \times 10^5$ となる場合に起こる．理想的な滑面平板の流れの条件を満たさない現実の平板境界層では臨界レイノルズ数 Re_{xc} は 5×10^5 よりも小さな値をとる．

せん断応力 τ は図 9.2 にその概形を示すように平板先端 (leading edge) では，急に流速勾配が大きくなるので，大きな値を示し，下流に行くに従い境界層厚さ δ が増加するので流速勾配は小さくなり τ は減少する．さらに x の大きな下流領域では乱流状態になるため流速勾配が再び大きくなるので τ は上昇する．

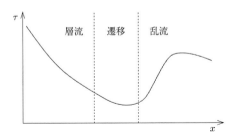

図 **9.2** 平板上のせん断力の下流方向変化

このように，Re_x が大きくなると境界層流れは層流から乱流へと遷移するが，$Re_x < 10^5$ の場合でも壁面が粗面，つまり，粗度が大きくなると乱流になる．この他にも下流方向への圧力勾配が正の場合は，流れが減速され，境界層厚さ δ が増加するため早く乱流になる．いっぽう，負の場合は，流れは加速され δ が増加しにくいため乱流になるのが遅くなる．

9.2 境界層厚さの定義

9.2.1 境界層厚さ δ

境界層内では図 9.3 に示すように壁面から y 方向に離れると流速が増加し,y が境界層厚さ δ に等しくなると流速 U (乱流の場合は時間平均流速 $\overline{U}$) は周囲流速 U_s とほとんど等しくなる.しかし,粘性 μ を持つ流体である以上,$y \to \infty$ でないと厳密には $U = U_s$ にはならない.そこで,局所の流速 U が周囲流速 U_s の 99%になる距離を一般に境界層厚さ δ と定義している.つまり,

$$\delta = y \quad (U = 0.99U_s \text{ のとき})$$

である.

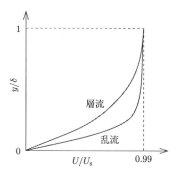

図 **9.3** 境界層内の層流と乱流の流速分布と境界層厚さ
(乱流の場合は時間平均流速分布)

9.2.2 排除厚さ δ^*

図 9.4 において境界層内の流速を U として,平板が存在しない場合の一様流に対して流体が減速される部分 (斜線部 ABC) は $\int_0^\infty (U_s - U)dy$ で与えられるから,この部分を一様流速 U_s を持つ流体の ABED に等しいとして,δ^* を決定すると

$$U_s \delta^* = \int_0^\infty (U_s - U)dy$$

より

$$\delta^* = \int_0^\infty \left(1 - \frac{U}{U_s}\right) dy \tag{9.3}$$

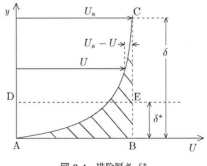

図 9.4 排除厚さ δ^*

が得られる．この δ^* のことを排除厚さと呼び，平板を入れたことにより減少した流体量を一様流中の厚さ δ の部分の流体量に等価することにより決定される．

9.2.3 運動量厚さ θ

図 9.5 に示す Δy の厚さを持つ微小部分の持つ運動量は，$(\rho U \Delta y)U$ であるが，境界層，つまり，板がなかった場合，Δy の厚さを持つ部分と同じ質量の微小部分が持つ運動量は，$(\rho U \Delta y)U_s$ である．よって，境界層があることによって減少した全運動量は

$$\int_0^\infty \rho(U_s - U)U\,dy$$

で与えられ，この量が流速 U_s の周囲流の流体内の厚さ θ の部分の流体が持つ運動量に等しいとすると

$$(\rho U_s \theta) U_s = \int_0^\infty \rho(U_s - U)U\,dy$$

であるから

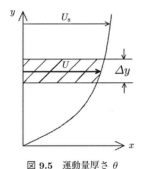

図 9.5 運動量厚さ θ

$$\theta = \int_0^\infty \frac{U}{U_s}\left(1 - \frac{U}{U_s}\right) dy \tag{9.4}$$

となる．この θ のことを運動量厚さと呼び，平板を入れたことにより減少した運動量を一様流中の厚さ θ の部分の流体が持つ運動量に等価することにより決定される．

9.3　平板層流境界層内の流速分布

境界層内の流速分布は第 3 章で示した連続の式および運動方程式に境界層流れの特性を考慮した近似を施すことにより求められる．ここでは，層流の場合の流速分布の導出について考える．

9.3.1　境界層方程式の導出

図 9.6 に示すように境界層厚さ δ の x 方向変化は非常に小さいことが実験により知られていることから

$$\frac{d\delta}{dx} \ll 1 \quad \rightarrow \quad \frac{\delta}{l} \ll 1 \tag{9.5}$$

となる．オーダ (桁数) の大小比較により導かれる境界層近似は x 方向の長さスケールを l，y 方向の長さスケールを δ，x および y 方向の流速スケールを U_0 および V_0 とすると

$$\frac{\partial U}{\partial x} \sim \Theta\left(\frac{U_0}{l}\right) \ll \frac{\partial U}{\partial y} \sim \Theta\left(\frac{U_0}{\delta}\right) \tag{9.6}$$

$$\frac{\partial V}{\partial x} \sim \Theta\left(\frac{V_0}{l}\right) \ll \frac{\partial V}{\partial y} \sim \Theta\left(\frac{V_0}{\delta}\right) \tag{9.7}$$

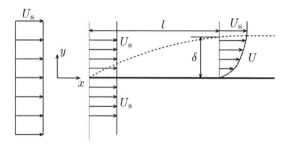

図 9.6　平板境界層の流速分布

9.3 平板層流境界層内の流速分布

となる．ここで $\Theta(\ )$ は $(\ )$ 内の量のオーダを示す．

連続の式より

$$\Theta\left(\frac{U_0}{l}\right) \sim \frac{\partial U}{\partial x}, \quad \Theta\left(\frac{V_0}{\delta}\right) \sim -\frac{\partial V}{\partial y}$$

であり，$\frac{\partial U}{\partial x}$ と $\frac{\partial V}{\partial y}$ は同じオーダであるから

$$\frac{V_0}{U_0} \sim \Theta\left(\frac{\delta}{l}\right) \tag{9.8}$$

となる．これらのオーダ比較を二次元定常流に対する外力を無視した場合の運動方程式 (3.57) に適用すると，圧力 P を含む項を除いて各項は以下に示すオーダを持つ．

$$\rho U \frac{\partial U}{\partial x} \quad + \rho V \frac{\partial U}{\partial y} \quad = \quad -\frac{\partial P}{\partial x} \quad + \mu \frac{\partial^2 U}{\partial x^2} \quad + \mu \frac{\partial^2 U}{\partial y^2} \tag{9.9}$$

$$\Theta\left(\rho \frac{U_0^2}{l}\right) \quad \Theta\left(\rho \frac{U_0^2}{l}\right) \qquad \qquad \Theta\left(\mu \frac{U_0}{l^2}\right) \ll \Theta\left(\mu \frac{U_0}{\delta^2}\right)$$

$$\rho U \frac{\partial V}{\partial x} \quad + \rho V \frac{\partial V}{\partial y} \quad = \quad -\frac{\partial P}{\partial y} \quad + \mu \frac{\partial^2 V}{\partial x^2} \quad + \mu \frac{\partial^2 V}{\partial y^2} \tag{9.10}$$

$$\Theta\left(\rho \frac{U_0^2}{l}\frac{\delta}{l}\right) \quad \Theta\left(\rho \frac{U_0^2}{l}\frac{\delta}{l}\right) \qquad \qquad \Theta\left(\mu \frac{U_0}{l^2}\frac{\delta}{l}\right) \quad \Theta\left(\mu \frac{U_0}{\delta^2}\frac{\delta}{l}\right)$$

式 (9.9) および式 (9.10) で各項のオーダを比較し U_0/l^2 や $U_0^2 \delta / l^2$ のように小さなオーダを持つ項を無視する (境界層近似を施す) と

$$\rho U \frac{\partial U}{\partial x} + \rho V \frac{\partial U}{\partial y} = -\frac{\partial P}{\partial x} + \mu \frac{\partial^2 U}{\partial y^2} \tag{9.11}$$

$$0 = -\frac{\partial P}{\partial y} \tag{9.12}$$

が得られる．なお，式 (9.9) と式 (9.10) の間でオーダを比較したのは，第 3 章で示したように，これらの式が同じ流動場の微小要素に働く力の釣り合いをとることにより導出されたからである．また，境界層外側の圧力を P_s とすると $\frac{\partial P}{\partial y} = 0$ より $\frac{\partial P}{\partial x} = \frac{dP_\mathrm{s}}{dx}$ であるから，式 (9.11) において $y \to \infty$ (近似的に $y \to \delta$) とすると $V = 0$, $\frac{\partial U}{\partial y} = 0$ より

$$\rho U_\mathrm{s} \frac{dU_\mathrm{s}}{dx} = -\frac{dP_\mathrm{s}}{dx} \tag{9.13}$$

となる．よって，定常の層流に対する近似方程式は

で与えられる．

$$\rho U \frac{\partial U}{\partial x} + \rho V \frac{\partial U}{\partial y} = -\frac{dP_\mathrm{s}}{dx} + \mu \frac{\partial^2 U}{\partial y^2} \tag{9.14}$$

$$\frac{\partial U}{\partial x} + \frac{\partial V}{\partial y} = 0 \tag{9.15}$$

で与えられる．これらの式を境界層方程式と呼ぶ．

9.3.2 境界層方程式の解法

境界層方程式 (9.14) および (9.15) をコンピュータを用いて数値的に解けば流速分布が求められるが，本書は数値計算の解説書ではないので，ここでは近似的に解くことを考える．図 9.6 に示す U の分布が実験により x 方向に相似形をとることが知られていることから，$\eta = y/\delta$ を用いてその関数 $F(\eta)$ は

$$\frac{U}{U_\mathrm{s}} = F(\eta) \tag{9.16}$$

で与えられ，x には依存しない．連続の式 (9.15) を自動的に満たす次式で定義する流れ関数

$$U = \frac{\partial \psi}{\partial y}, \quad V = -\frac{\partial \psi}{\partial x} \tag{9.17}$$

を新たに導入すると，境界層方程式 (9.14) は

$$\frac{\partial \psi}{\partial y}\frac{\partial^2 \psi}{\partial x \partial y} - \frac{\partial \psi}{\partial x}\frac{\partial^2 \psi}{\partial y^2} = U_\mathrm{s}\frac{dU_\mathrm{s}}{dx} + \nu \frac{\partial^3 \psi}{\partial y^3} \tag{9.18}$$

となる．いま，$F(\eta)$ を積分した関数

$$f(\eta) = \int_0^\eta F(\eta) d\eta \tag{9.19}$$

を導入すると，

$$\psi = \int_0^y \frac{\partial \psi}{\partial y} dy = \int_0^y U dy = U_\mathrm{s} \delta f(\eta) \tag{9.20}$$

となり，座標系を (x, y) から (x, η) へ変換すると，

$$\frac{\partial}{\partial x} \to \frac{\partial}{\partial x} - \frac{y}{\delta^2}\frac{d\delta}{dx}\frac{\partial}{\partial \eta} \quad \left(\because \frac{\partial}{\partial x} = \frac{\partial x}{\partial x}\frac{\partial}{\partial x} + \frac{\partial \eta}{\partial x}\frac{\partial}{\partial \eta} \right)$$

$$\frac{\partial}{\partial y} \to \frac{1}{\delta}\frac{\partial}{\partial \eta}$$

であるから，式 (9.18) は次式に示す f に関する常微分方程式となる．

$$f''' + \left(\frac{\delta^2}{\nu}\frac{dU_\mathrm{s}}{dx} + \frac{U_\mathrm{s}\delta}{\nu}\frac{d\delta}{dx}\right) ff'' - \frac{\delta^2}{\nu}\frac{dU_\mathrm{s}}{dx} f'^2 + \frac{\delta^2}{\nu}\frac{dU_\mathrm{s}}{dx} = 0 \tag{9.21}$$

9.3 平板層流境界層内の流速分布

流速分布が相似形になるためには，各項の係数部分

$$\frac{\delta^2}{\nu}\frac{dU_s}{dx} + \frac{U_s\delta}{\nu}\frac{d\delta}{dx} = p \tag{9.22}$$

$$\frac{\delta^2}{\nu}\frac{dU_s}{dx} = q \tag{9.23}$$

は x に依存しない値でなければならない．つまり，k_1 を定数として

$$2p - q = \frac{d}{dx}\left(\frac{\delta^2 U_s}{\nu}\right) = k_1 \tag{9.24}$$

を満たさねばならない．いま，簡略化のため $k_1 = 1$ とおくと

$$2p - q = 1 \tag{9.25}$$

となり，

$$\delta \sim \sqrt{\frac{\nu x}{U_s}} \quad \rightarrow \quad \eta = \frac{y}{x}\sqrt{\frac{U_s x}{\nu}} \tag{9.26}$$

が求まる．式 (9.26) と式 (9.23) より k_2 を定数として

$$U_s = k_2 \times x^q \tag{9.27}$$

となる．また，式 (9.21) は

$$f''' + \frac{q+1}{2}ff'' - qf'^2 + q = 0 \tag{9.28}$$

となる．

　図 9.6 に示す平板上の境界層の流れで，x 方向に圧力勾配がない流れを考えると式 (9.13) より

$$q = 0 \tag{9.29}$$

であるから，式 (9.28) は

$$f''' + \frac{1}{2}ff'' = 0 \tag{9.30}$$

となる．この微分方程式を境界条件

$$\begin{cases} f = 0, \quad f' = 0 \quad (\eta = 0 \text{ のとき}) \\ f' = 1 \quad\quad\quad\quad (\eta = \infty \text{ のとき}) \end{cases} \tag{9.31}$$

のもとで f について解けば，式 (9.20)，(9.26) より

$$\psi = \sqrt{\nu x U_s}f(\eta) \tag{9.32}$$

であるから

$$U = \frac{\partial \psi}{\partial y} = U_\mathrm{s} f'(\eta) \tag{9.33}$$

および

$$\begin{aligned} V &= -\frac{\partial \psi}{\partial x} = \frac{1}{2}\sqrt{\frac{U_\mathrm{s}\nu}{x}}\,(\eta f' - f) \\ &= \frac{U_\mathrm{s}}{2}\frac{1}{\sqrt{Re_x}}(\eta f' - f) \quad \text{ここで} \quad Re_x = \frac{U_\mathrm{s}x}{\nu} \end{aligned} \tag{9.34}$$

が求まる．

式 (9.30) の解析解は f を $\eta = 0$ の周りに級数展開する方法により

$$f(\eta) = \sum_{n=0}^{\infty} \left(-\frac{1}{2}\right)^n \frac{C_n A^{n+1}}{(3n+2)!} \eta^{3n+2} \tag{9.35}$$

で与えられる．ここで，$A = 0.33206$, $C_1 = 1$, $C_2 = 11$, $C_3 = 375$, $C_4 = 27897$, $C_5 = 3817137\cdots$ である．

流速 U の y 方向分布を式 (9.35) と式 (9.33) より数値的に求めることにより平板に働く壁面摩擦応力 τ_w は

$$\tau_\mathrm{w} = \mu \frac{\partial U}{\partial y}\bigg|_{y=0} \tag{9.36}$$

で計算される．

9.3.3　平板境界層に対する運動量方程式

前項においては境界層方程式を近似的に解いて求められる流速 U の分布を式 (9.36) に適用することにより壁面摩擦応力 τ_w を求める方法を示した．本項では境界層内の運動量収支をとることにより τ_w を求める方法について説明する．

図 9.7 に示す ABCD で囲まれた紙面に垂直な z 方向に単位幅を持つ境界層内

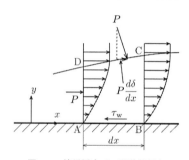

図 **9.7**　境界層内での運動量収支

の領域での運動量収支をとるために，各面における質量流量 m，運動量 M，力 F を示すと以下の通りである．

AD 面： 質量流量 　$m_{\mathrm{AD}} = \displaystyle\int_0^\delta \rho U dy$

　　　　運動量　　$M_{\mathrm{AD}} = \displaystyle\int_0^\delta \rho U^2 dy$

　　　　力　　　　$F_{\mathrm{AD}} = P\delta$

BC 面： 質量流量 　$m_{\mathrm{BC}} = m_{\mathrm{AD}} + \dfrac{d}{dx}\left[\displaystyle\int_0^\delta \rho U dy\right] dx$

　　　　運動量　　$M_{\mathrm{BC}} = M_{\mathrm{AD}} + \dfrac{d}{dx}\left[\displaystyle\int_0^\delta \rho U^2 dy\right] dx$

　　　　力　　　　$F_{\mathrm{BC}} = F_{\mathrm{AD}} + \dfrac{d}{dx}(P\delta)dx$

DC 面： 質量流量 　$m_{\mathrm{DC}} = m_{\mathrm{BC}} - m_{\mathrm{AD}}$

　　　　運動量　　$M_{\mathrm{DC}} = U_{\mathrm{s}} \cdot m_{\mathrm{DC}}$

　　　　力　　　　$F_{\mathrm{DC}} = P\dfrac{d\delta}{dx}\cdot dx \quad (\because dx \gg d\delta)$

AB 面： 力　　　　$F_{\mathrm{AB}} = \tau_{\mathrm{w}} dx \quad$ ここで，$\tau_{\mathrm{w}} = \mu \left.\dfrac{\partial U}{\partial y}\right|_{y=0}$

図 9.7 の領域 ABCD 内で運動量の収支 (運動量保存則) をとると

$$M_{\mathrm{BC}} - M_{\mathrm{AD}} - M_{\mathrm{DC}} = F_{\mathrm{AD}} - F_{\mathrm{BC}} + F_{\mathrm{DC}} - F_{\mathrm{AB}} \tag{9.37}$$

となるから，式 (9.13) を用いて

$$\rho\frac{d}{dx}\int_0^\delta U^2 dy - \rho U_{\mathrm{s}}\frac{d}{dx}\int_0^\delta U dy - \rho\delta U_{\mathrm{s}}\frac{dU_{\mathrm{s}}}{dx} = -\tau_{\mathrm{w}} \tag{9.38}$$

を得る．式 (9.3) の排除厚さ δ^* と式 (9.4) の運動量厚さ θ を用いると

$$\rho\frac{d}{dx}(U_{\mathrm{s}}^2 \theta) + \rho U_{\mathrm{s}}\frac{dU_{\mathrm{s}}}{dx}\delta^* = \tau_{\mathrm{w}} \tag{9.39}$$

となる．x 方向に圧力勾配のない平板層流境界層の場合には

$$\rho\frac{d}{dx}(U_{\mathrm{s}}^2 \theta) = \tau_{\mathrm{w}} \tag{9.40}$$

となる．

9.3.4 平板層流境界層中の壁面摩擦応力の近似計算
(x 方向に圧力勾配がない場合)

式 (9.40) に式 (9.4) を代入すると，$y = \delta$ で $U = U_\mathrm{s}$ として，壁面摩擦応力は次式で与えられる．

$$\tau_\mathrm{w} = \mu \left.\frac{\partial U}{\partial y}\right|_{y=0} = \rho \frac{d}{dx} \int_0^\delta U(U_\mathrm{s} - U) dy \tag{9.41}$$

U の分布形状が x 方向に相似であるとすれば

$$U = U_\mathrm{s} g(\eta) \tag{9.42}$$

となる．ここで，$\eta = y/\delta$ であり，境界条件は次式で与えられる．

$$\begin{cases} U = 0 & (y = 0 \ (\eta = 0) \text{のとき}) \\ U = U_\mathrm{s} & (y = \delta \ (\eta = 1) \text{のとき}) \end{cases} \tag{9.43}$$

式 (9.41) に式 (9.42) を代入すると次式を得る．

$$\frac{\mu}{\delta} U_\mathrm{s} \left.\frac{dg(\eta)}{d\eta}\right|_{\eta=0} = \rho \frac{d}{dx} \left\{ U_\mathrm{s}^2 \delta \int_0^1 (1 - g(\eta)) g(\eta) d\eta \right\} \tag{9.44}$$

ここで，$g(\eta)$ は相似関数であり，x には独立であるから

$$\int_0^1 (1 - g(\eta)) g(\eta) d\eta$$

も x に依存しない．また，U_s も圧力が一定であるから変化しない．よって，

$$\begin{cases} \dfrac{dg(\eta)}{d\eta} = C_2 \\ \displaystyle\int_0^1 (1 - g(\eta)) g(\eta) d\eta = C_1 \end{cases} \tag{9.45}$$

と置くと

$$\frac{\mu}{\delta} U_\mathrm{s} C_2 = \rho U_\mathrm{s}^2 C_1 \frac{d\delta}{dx}$$

つまり，

$$\mu \frac{C_2}{C_1} = \rho U_\mathrm{s} \delta \frac{d\delta}{dx}$$

を得る．この式を積分をすると

$$\frac{1}{2} \delta^2 = \frac{\mu}{\rho U_\mathrm{s}} \frac{C_2}{C_1} x + C$$

9.3 平板層流境界層内の流速分布

となる．よって，境界層厚さ δ は $x=0$ で $\delta=0$ であるから $C=0$ であり

$$\delta = \sqrt{\{(2C_2/C_1)(\mu/\rho U_{\rm s})\}\, x} = \sqrt{(2C_2/C_1)}\, x/\sqrt{Re_x} \tag{9.46}$$

となる．ここで，$Re_x = \dfrac{\rho U_{\rm s} x}{\mu}$ であるから，式 (9.41) および式 (9.46) より，壁面摩擦応力 $\tau_{\rm w}$ は

$$\tau_{\rm w} = \rho U_{\rm s}^2 C_1 \frac{d\delta}{dx} = \rho U_{\rm s}^2 \sqrt{\frac{C_1 C_2}{2Re_x}} \tag{9.47}$$

となる．よって，層流境界層流れの単位幅，長さ l の平板に働く全壁面摩擦力 F は式 (9.46) を用いて

$$F = \int_0^l \tau_{\rm w}\, dx = \int_0^l \rho U_{\rm s}^2 C_1 \frac{d\delta}{dx} dx = \left[\rho U_{\rm s}^2 C_1 \delta \right]_0^l = \rho U_{\rm s}^2 l \sqrt{\frac{2C_1 C_2}{Re_l}} \tag{9.48}$$

となる．この F を用いて無次元の係数である壁面摩擦係数 $C_{\rm f}$ は

$$C_{\rm f} = \frac{F}{\frac{1}{2}\rho U_{\rm s}^2\, l} \tag{9.49}$$

で定義される．

もし，式 (9.48) の C_1，C_2 の値がわかれば，壁面摩擦応力 $\tau_{\rm w}$ は決定される．境界層流中のせん断応力 τ が，y の一次関数であると仮定すると

$$\tau = C_3(\delta - y) \tag{9.50}$$

となる．ただし，境界条件は

$$\tau = 0 \quad (y=\delta \text{ のとき})$$
$$\tau = C_3\,\delta \quad (y=0 \text{ のとき})$$

である．また，

$$\mu \frac{\partial U}{\partial y} = C_3(\delta - y)$$

を積分すると

$$\mu U = C_3\left(y\delta - \frac{y^2}{2}\right) + C_4 \tag{9.51}$$

となり，境界条件から

$$U = 0 \quad (y=0 \text{ のとき}) \quad \text{より，} \quad C_4 = 0$$
$$U = U_{\rm s} \quad (y=\delta \text{ のとき}) \quad \text{より，} \quad C_3 = 2\mu U_{\rm s}/\delta^2$$

であるので
$$g(\eta) = U/U_s = 2(y/\delta - y^2/2\delta^2) = 2(\eta - \eta^2/2) = 2\eta - \eta^2 \qquad (9.52)$$
となる．この式を式 (9.45) で示される C_1, C_2 に代入すると
$$C_1 = \int_0^1 (1 - g(\eta))g(\eta)d\eta = \int_0^1 \{1 - (2\eta - \eta^2)\}(2\eta - \eta^2)d\eta = \frac{2}{15}$$
$$C_2 = \left.\frac{\partial g(\eta)}{\partial \eta}\right|_{\eta=0} = \left[\frac{\partial}{\partial \eta}(2\eta - \eta^2)\right]_{\eta=0} = 2$$
となる．よって，この C_1, C_2 を式 (9.46) に代入すると
$$\delta = \sqrt{30}\,x\Big/\sqrt{Re_x} = 5.48x\Big/\sqrt{Re_x} \propto x^{1/2} \qquad (9.53)$$
となる．また，式 (9.49) に代入すると，壁面摩擦係数 C_f は
$$C_\mathrm{f} = \frac{\sqrt{2C_1 C_2 \rho \mu U_s^3 l}}{\frac{1}{2}\rho U_s^2 l} = \sqrt{\left(\frac{32}{15}\right)\Big/Re_l} = 1.46 Re_l^{-\frac{1}{2}} \qquad (9.54)$$
となる．これらの結果は式 (9.35) を用いて $U = 0.99 U_\mathrm{s}$ となる位置での δ を数値的に計算した結果から得られる関係式
$$\delta = 5x Re_x^{-\frac{1}{2}} \qquad (9.55)$$
は式 (9.53) に近く，式 (9.35) と式 (9.36) から数値的に計算された
$$\tau_\mathrm{w} = 0.332 \rho U_s^2 Re_x^{-1/2} \qquad (9.56)$$
を $x = 0$ から l まで積分することにより得られる関係式
$$C_\mathrm{f} = 1.328 Re_l^{-1/2} \qquad (9.57)$$
も式 (9.54) に近いものとなる．

以上の結果を用いて，境界層の排除厚さ δ^* と運動量厚さ θ を計算すると，式 (9.3) および式 (9.4) に式 (9.52) および式 (9.53) を代入して
$$\delta^* = \delta \int_0^1 (1 - g(\eta))d\eta = \delta \int_0^1 (1 - 2\eta + \eta^2)dy = 1.83x Re_x^{-1/2} \qquad (9.58)$$
$$\theta = \delta \int_0^1 g(\eta)(1 - g(\eta))d\eta = \delta \int_0^1 (2\eta - \eta^2)(1 - 2\eta + \eta^2)d\eta = 0.73x Re_x^{-1/2}$$
$$(9.59)$$
が得られる．

9.4 平板乱流境界層流れ

図 9.1 に示したように平板の先端から発達する層流境界層流れの下流側に行くと乱流境界層が形成される．ここでは，この乱流境界層流れについて述べる．

9.4.1 乱流の構造

図 9.8 に平板上の乱流境界層流れを平板近くに煙を入れることにより可視化した写真と境界層内外の領域分けを示す．重複領域があるものの乱流境界層は大まかに分けて図 9.8 に示すように外層領域 (outer layer) と内層領域 (inner layer) とからなる．外層領域は，境界層内で作られた乱流と周囲の乱れのない非回転の流れである非乱流とが間欠的に現れる領域であり，別名，速度欠損領域と呼ばれ，境界層厚さ δ の 90% 程度を占める．また，内層領域は，粘性底層 (viscous sublayer)，遷移領域 (buffer layer) と対数領域 (log-law region) の三つに分けられ，δ の 10% 程度を占める．最も壁近くの粘性底層では粘性効果が大きく，乱流効果が非常に小さい．粘性底層の上の遷移領域では粘性効果と乱流効果が共存し，この領域ではバースト現象によって活発に乱流が作られる．さらに，上層の外層領域とも一部重複する対数領域では，遷移領域で作られた乱流渦が発達し，乱流効果が大きくなる．

以下に各領域の流速分布について説明する．

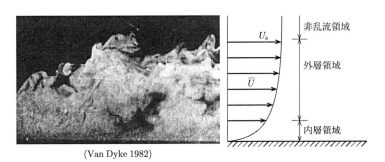

(Van Dyke 1982)

図 9.8　平板乱流境界層の可視化写真と各領域名

〈粘性底層〉

壁面極近傍では応力 τ は τ_w にほぼ等しいので $\partial \overline{U}/\partial y \approx \tau_\mathrm{w}/\mu$ であり，また，

$\partial \overline{U}/\partial y \approx \overline{U}/y$ であるから

$$\overline{U} = \left(\frac{\tau_{\mathrm{w}}}{\mu}\right) y$$

となり

$$\frac{\overline{U}}{\sqrt{\tau_{\mathrm{w}}/\rho}} = \frac{\sqrt{\tau_{\mathrm{w}}/\rho}}{\nu} y$$

を得る．式 (5.29) の摩擦速度 $u^*(=\sqrt{\tau_{\mathrm{w}}/\rho})$ を用いると

$$\frac{\overline{U}}{u^*} = \frac{yu^*}{\nu}$$

であるから，式 (5.33) と同様に

$$U^+ = y^+ \quad (y^+ \lesssim 5) \tag{9.60}$$

となる．一般に，粘性底層の厚さは $y^+ \lesssim 5$ の領域に相当することが知られており，その厚さ δ' はおおよそ

$$\delta' = \frac{5\nu}{u^*} \quad (y^+ = 5)$$

となる．

〈遷移領域〉

粘性底層の上の $5 \lesssim y^+ \lesssim 30$ の領域に相当し，この領域ではバースティング現象 (図 9.9) と呼ばれる低速流体の上昇 (ejection) と高速流体の下降 (sweep) からなる乱流発生が最も活発となり，ここで作られた乱流のエネルギーが外層領域に輸送されるのに重要な役割を果たす．

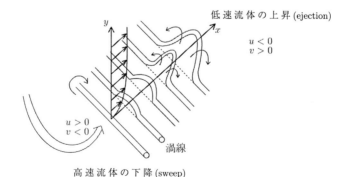

図 9.9 バースティング現象

〈対数領域〉

遷移領域の上の $y^+ \gtrsim 30$ の領域では，乱流効果が大きく対数速度式

$$U^+ = \frac{1}{k} \ln y^+ + A \quad \text{ここで，} k = 0.4 \sim 0.41, \quad A = 3.7 \sim 5.5 \tag{9.61}$$

が成立するため対数領域と呼ばれる．

粘性領域，遷移領域，対数領域からなる内層領域での流速分布をスケッチすると図 9.10 のようになる．

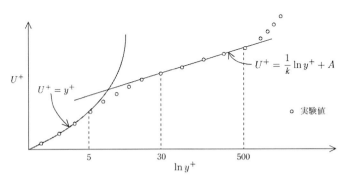

図 9.10　平板乱流境界層の流速分布

このように流速分布は壁近傍の領域では

$$U^+ = f(y^+) \tag{9.62}$$

で表される関数 f で与えられる．この壁面近傍で成立する U^+ と y^+ の関係を壁法則と呼び，平板に限らず矩形流路や円管内の乱流の壁面近傍においても成立する．なお，この対数流速分布は演習問題 9.5 に示すように外層との重複領域でも成立する．

〈外層領域〉

この領域は，壁近傍の内層領域とも重複するところがあるが回転のない非乱流と回転を伴う渦運動からなる乱流とが間欠的に入り混じる領域であり，速度欠損式

$$\frac{U_\mathrm{s} - \overline{U}}{u^*} = g\left(\frac{y}{\delta}\right) \tag{9.63}$$

が成立する．また，$y^+ > 500 \sim 1000$ の領域では実験により次の近似式 (プラントルの 1/7 乗則) が成立することが知られている．

$$\frac{\overline{U}}{U_s} = \left(\frac{y}{\delta}\right)^n \quad (n = 1/7 \; : \; 10^5 < Re_x < 10^7) \tag{9.64}$$

9.4.2 乱流境界層方程式

式 (9.9), (9.10), および式 (9.15) より x, y 方向の瞬間流速 U と V を持つ二次元境界層の方程式は時間項も含めると次式で与えられる.

$$\rho\left(\frac{\partial U}{\partial t} + U\frac{\partial U}{\partial x} + V\frac{\partial U}{\partial y}\right) = -\frac{\partial P}{\partial x} + \mu\frac{\partial^2 U}{\partial x^2} + \mu\frac{\partial^2 U}{\partial y^2} \tag{9.65}$$

$$\rho\left(\frac{\partial V}{\partial t} + U\frac{\partial V}{\partial x} + V\frac{\partial V}{\partial y}\right) = -\frac{\partial P}{\partial y} + \mu\frac{\partial^2 V}{\partial x^2} + \mu\frac{\partial^2 V}{\partial y^2} \tag{9.66}$$

$$\frac{\partial U}{\partial x} + \frac{\partial V}{\partial y} = 0 \tag{9.67}$$

いま, 時間平均した量が時間的には変化しない定常の乱流を考えると, 瞬間流速 U, V は図 9.11 に示すように時間平均値の周りを時々刻々不規則に変動するので, これらの瞬間流速を時間平均値と変動値に分けると,

$$\begin{aligned} U &= \overline{U} + u \\ V &= \overline{V} + v \end{aligned} \tag{9.68}$$

となる.

式 (9.67) に式 (9.68) を代入すると次式を得る.

$$\frac{\partial U_i}{\partial x_i} = \frac{\partial \overline{U}}{\partial x} + \frac{\partial u}{\partial x} + \frac{\partial \overline{V}}{\partial y} + \frac{\partial v}{\partial y} = 0 \tag{9.69}$$

この式を時間平均すると, $\overline{u} = \overline{v} = 0$ であるから

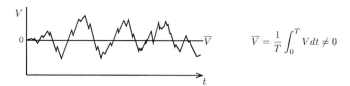

図 9.11 二次元平板乱流境界層流れの瞬間流速の時間変化

9.4 平板乱流境界層流れ

$$\frac{\partial \overline{U_i}}{\partial x_i} = \frac{\partial \overline{U}}{\partial x} + \frac{\partial \overline{u}}{\partial x} + \frac{\partial \overline{V}}{\partial y} + \frac{\partial \overline{v}}{\partial y} = \frac{\partial \overline{U}}{\partial x} + \frac{\partial \overline{V}}{\partial y} = 0 \tag{9.70}$$

となる.式 (9.69) から式 (9.70) を差し引くと

$$\frac{\partial u}{\partial x} + \frac{\partial v}{\partial y} = 0 \tag{9.71}$$

を得る.x 方向流速成分 U に対する運動方程式は,式 (5.12) の導出と同様に,式 (9.65) に式 (9.68) を代入して十分に長い時間に対して平均をとり,時間平均値が変化しない定常乱流を考え,さらに,式 (9.9),(9.10) と同様にオーダ比較すると

$$\text{左辺} = \rho \left(\overline{\frac{\partial (\overline{U}+u)}{\partial t}} + \overline{(\overline{U}+u)\frac{\partial (\overline{U}+u)}{\partial x}} + \overline{(\overline{V}+v)\frac{\partial (\overline{U}+u)}{\partial y}} \right)$$

$$= \rho \left(\overline{U}\frac{\partial \overline{U}}{\partial x} + \overline{V}\frac{\partial \overline{U}}{\partial y} + \overline{u\frac{\partial u}{\partial x}} + \overline{v\frac{\partial u}{\partial y}} \right)$$

$$\text{右辺} = -\overline{\frac{\partial (\overline{P}+p)}{\partial x}} + \mu \overline{\frac{\partial^2 (\overline{U}+u)}{\partial x^2}} + \mu \overline{\frac{\partial^2 (\overline{U}+u)}{\partial y^2}} = -\frac{\partial \overline{P}}{\partial x} + \mu \frac{\partial^2 \overline{U}}{\partial y^2}$$

となる.左辺の各項に対して時間平均値の x 方向変化は y 方向変化に比べて小さいとする近似を用い,式 (9.71) を代入すると

$$\overline{u\frac{\partial u}{\partial x}} + \overline{v\frac{\partial u}{\partial y}} = \overline{\frac{\partial uu}{\partial x}} + \overline{\frac{\partial uv}{\partial y}} - \overline{u\left(\frac{\partial u}{\partial x} + \frac{\partial v}{\partial y}\right)} = \overline{\frac{\partial uv}{\partial y}}$$

であるから,右辺 = 左辺 とおけば

$$\rho \left(\overline{U}\frac{\partial \overline{U}}{\partial x} + \overline{V}\frac{\partial \overline{U}}{\partial y} \right) = -\frac{\partial \overline{P}}{\partial x} + \frac{\partial}{\partial y}\left(\mu \frac{\partial \overline{U}}{\partial y} - \rho \overline{uv} \right) \tag{9.72}$$

を得る.ここで $-\rho\overline{uv}$ は乱流によって生じるレイノルズ応力である.

全せん断応力 τ は,第 5 章で示した平行平板間の発達した乱流の場合と同様に,

$$\tau = \mu \frac{\partial \overline{U}}{\partial y} - \rho \overline{uv} \tag{9.73}$$

となる.同様にして式 (9.66) に時間平均操作を施すと $\overline{U}, \overline{V}$ を含む項は層流の場合の式 (9.9),(9.10) と同様にオーダ比較によって無視され

$$\frac{\partial \overline{P}}{\partial y} = -\rho \frac{\partial \overline{v^2}}{\partial y} \tag{9.74}$$

が得られる.ここで,境界層外側の圧力を P_s とすると境界層の外側では $\overline{v^2}=0$ であるので $\overline{P} = -\rho\overline{v^2} + P_\text{s}(x)$ となる.$\frac{\partial \overline{v^2}}{\partial x}$ は $\frac{\partial \overline{uv}}{\partial y}$ に比べて無視できるので式

(9.13) と同様にして，$\frac{\partial \overline{P}}{\partial x} = \frac{dP_s}{dx} = -U_s \frac{dU_s}{dx}$ となる．これを代入した式 (9.70)，(9.72) が定常な二次元乱流境界層内の平均流速に対する境界層方程式になる．

この境界層方程式を解くためには，第 5 章の平行平板間の乱流のところに示したように，レイノルズ応力 $-\rho\overline{uv}$ を表す乱流モデルを導入しなければならないが，これについては乱流に関する専門書 (Pope 2000，木田・柳瀬 1999 など) を参照されたい．

9.4.3 乱流境界層の近似計算

乱流境界層に対しても層流境界層の場合と同様に境界層厚さや平板に働く壁面摩擦応力などを近似的に計算することができる．

層流の場合と同様に，運動量収支をとることにより求めた式 (9.41) に示す壁面応力 τ_w は時間平均流速 $\overline{U}$ に対しても成立する．

$$\tau_\mathrm{w} = \rho U_s^2 \frac{d}{dx} \int_0^\delta \frac{\overline{U}}{U_s}\left(1 - \frac{\overline{U}}{U_s}\right) dy \tag{9.75}$$

乱流に対しては，図 9.10 に示した壁法則に基づく正確な流速分布を与えようとすると複雑になるので，壁近傍の約 0.1δ に相当する内層領域を除いた外層領域で近似的に成立することが実験により確かめられている経験式 (9.64) であるプラントルの 1/7 乗則を適用する．

$$\overline{U}/U_s = \eta^{1/7} \quad \text{ここで，} \quad \eta = y/\delta \tag{9.76}$$

大胆な仮定ではあるが境界層乱流の壁面摩擦応力 τ_w に対して摩擦係数 f を用いた円管流れに対するブラジウス (Blasius) の式が近似的に適用できるとし，τ_w を

$$\tau_\mathrm{w} = f\frac{1}{2}\rho\langle U\rangle^2 \quad \text{ここで，} \langle U\rangle \approx 0.8 U_s$$

で与え，

$$f = 0.079 Re^{-1/4} = 0.079/(\rho\langle U\rangle d/\mu)^{1/4} \tag{9.77}$$

において，$d \approx 2\delta$ とすると

$$\tau_\mathrm{w} = \frac{1}{2}\rho(0.8U_s)^2 \times 0.079\left(\frac{\mu}{\rho \times 0.8 U_s \times 2\delta}\right)^{1/4} = 0.0225 \rho U_s^2 \left(\frac{\mu}{\rho U_s \delta}\right)^{1/4} \tag{9.78}$$

9.4 平板乱流境界層流れ

となる．いっぽう，式 (9.75) に式 (9.76) を代入すると

$$\tau_\mathrm{w} = \rho U_\mathrm{s}^2 \frac{d}{dx}\int_0^\delta \frac{\overline{U}}{U_\mathrm{s}}\left(1-\frac{\overline{U}}{U_\mathrm{s}}\right)dy = \rho U_\mathrm{s}^2 \frac{d\delta}{dx}\int_0^1 (1-\eta^{1/7})\eta^{1/7}d\eta \quad (9.79)$$

となる．よって，

$$\tau_\mathrm{w} = \frac{7}{72}\rho U_\mathrm{s}^2 \frac{d\delta}{dx} \quad (9.80)$$

となり，式 (9.78) と式 (9.80) を等価すると

$$\frac{d\delta}{dx} = 0.231\delta^{-1/4}\left[\mu/(\rho U_\mathrm{s})\right]^{1/4}$$

より

$$\frac{4}{5}\delta^{5/4} = 0.231\left[\mu/(\rho U_\mathrm{s})\right]^{1/4}x + C_5$$

となる．いま，平板先端から発達する層流境界層の領域が非常に短く，乱流境界層が $x \approx 0$ から発達すると仮定すれば

$$C_5 = 0 \quad (x=0 \text{ のとき } \delta=0)$$

であるから，δ は

$$\delta = 0.37x/(\rho U_\mathrm{s}x/\mu)^{1/5} = 0.37x Re_x^{-1/5} \propto x^{4/5} \quad (9.81)$$

となる．式 (9.53) と式 (9.81) を比較すると，乱流境界層の δ は $x^{4/5}$ に比例し，層流境界層の δ は $x^{1/2}$ に比例するので乱流境界層の方が層流境界層よりも早く発達することがわかる．

式 (9.81) を式 (9.78) に代入すると，壁面摩擦応力 τ_w は

$$\tau_\mathrm{w} = 0.029\,\rho U_\mathrm{s}^2\left(\frac{\mu}{\rho U_\mathrm{s}x}\right)^{1/5} \quad (9.82)$$

となるから，長さ l の平板に働く力 F は

$$F = \int_0^l \tau_\mathrm{w}\,dx \quad (\text{単位幅あたり，}l:\text{平板の長さ})$$

$$= 0.036\,\rho U_\mathrm{s}^2\,l\left(\frac{\mu}{\rho U_\mathrm{s}l}\right)^{1/5} = 0.036\,\rho U_\mathrm{s}^2\,l\,Re_l^{-1/5} \quad (9.83)$$

となる．よって，壁面摩擦係数 C_f は

$$C_\mathrm{f} = F\bigg/\left(\frac{1}{2}\rho U_\mathrm{s}^2\,l\right) = 0.072 Re_l^{-1/5} \quad (9.84)$$

となる.実験的に測定された C_f は

$$C_\mathrm{f} = 0.074 Re_l^{-1/5} \quad (Re_x < 10^7) \tag{9.85}$$

であるから,式 (9.77) のような大胆な仮定を用いたにもかかわらず式 (9.84) と式 (9.85) はよく一致している.

さらに大きな Re_l に対する C_f の近似相関式としては次のものなどがある.

〈プラントルとシュリヒティングの表示〉

$$C_f = 0.455 (\log_{10} Re_l)^{-2.58} - 1700 Re_l^{-1} \quad (10^6 < Re_x < 10^9)$$

乱流境界層の F (式 (9.83)) と層流境界層の F (式 (9.48)) を比較すれば,乱流の場合は $F \propto U_\mathrm{s}^{9/5} l^{4/5}$ であり,層流の場合は $F \propto U_\mathrm{s}^{3/2} l^{1/2}$ であるから,壁面摩擦力を小さくする点においては層流境界層の方が望ましい.

なお,摩擦係数 C_f の Re_x に対する分布の概形を描画すると,図 9.12 のようになる.$Re_x < 10^5$ の層流域では $C_\mathrm{f} \propto Re_x^{-1/2}$ で減少し,乱流域に遷移すると $C_\mathrm{f} \propto Re_x^{-1/5}$ で減少するが,乱流域で壁面の粗度 e が大きくなると C_f も増加する.

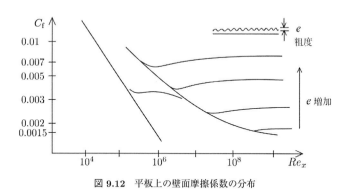

図 9.12 平板上の壁面摩擦係数の分布

9.5 円管内流れの境界層

大きなタンクに連結された内径 d のパイプに流体が流入するような場合には,図 9.13 に示すようにパイプ入口部の管壁から境界層が発達する.管内レイノルズ数 $Re\,(=\rho\langle U\rangle d/\mu)$ が小さな場合には層流境界層が,断面平均流速 $\langle U\rangle$ が大き

い，つまり，Re が大きな場合には乱流境界層が発達する．層流の場合は x 軸方向に $x \sim 0.065 Re\, d$，乱流の場合には $x \sim (25 \sim 40)d$ の十分下流に行った領域で管壁から発達した境界層が管中心にまで到達し，流速分布が x 方向に変化しない発達した層流および乱流の流速分布が形成される．これは，平行平板間の流れに対しても同じであり，流路入口部においては第4章と第5章で示した発達した層流および乱流の流速分布はまだ形成されていないことに注意しなければならない．

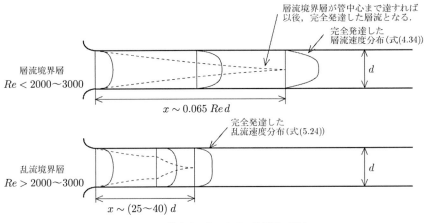

図 9.13 円管内入口部における境界層の発達

演習問題

9.1 一様流速 $U_s = 100$ m/s で流れる $20°\text{C}$ の空気流中に置かれた滑面平板上に発達する境界層において，層流境界層から乱流境界層に遷移する平板先端からの距離 L およびその位置における境界層厚さ δ を求めよ．なお，$20°\text{C}$ の空気の動粘性係数を 1.5×10^{-5} m^2/s とする．

9.2 一様流速 $U_s = 50$ m/s で流れる $20°\text{C}$ の空気流中に置かれた長さ 10 m，幅 2 m の滑面平板上に発達する乱流境界層において，平板先端から 5 m の位置での粘性底層の厚さ δ'，および，境界層厚さ δ を求めよ．なお，空気の動粘性係数は前問と同じ値とする．

9.3 一様流速 U_s の流体中に置かれた平板上に発達する乱流境界層内の流速分布を $U/U_\mathrm{s} = (y/\delta)^{1/7}$ で表すとき，排除厚さ δ^* と運動量厚さ θ の比を求めよ．ただし，$y > \delta$ では $U/U_\mathrm{s} = 1.0$ とする．

9.4 一様流速 $U_\mathrm{s} = 2\ \mathrm{m/s}$ で流れる密度 $\rho = 1000\ \mathrm{kg/m^3}$，動粘性係数 $\nu = 10^{-4}\ \mathrm{m^2/s}$ の高粘性溶液の中に長さ $2\ \mathrm{m}$，幅 $2\ \mathrm{m}$ の滑面平板を置いた平板の先端から $1\ \mathrm{m}$ の位置における境界層厚さ δ と平板全体に働く力 F を求めよ．

9.5 式 (9.62) で表される内層領域における壁法則と式 (9.63) で表される外層領域における速度欠損式が内層領域と外層領域の間の領域ではともに重複して成立しなければならない．この重複領域では，任意の $y^+(=\frac{yu^*}{\nu})$ および $\eta(=\frac{y}{\delta})$ に対して式 (9.62)，および，式 (9.63) から得られる互いの流速勾配 $d\overline{U}/dy$ が等しくなることから $f(y^+)$ と $g(\eta)$ が対数分布をとることを示せ．

第10章　物体周りの流れ

前章では一様流中に置かれた摩擦抗力しか働かない最も単純な形状の物体である平板上の流れについて述べたが，ここでは球や円柱周りの流れについて説明する．

10.1　物体周りの流れの性質

図 10.1 に示す先端が鈍形の物体の周りの流れは，先端の流体がぶつかる点で流速がゼロとなる淀み点が存在し，その点での圧力 p はベルヌーイの式より $p = p_\mathrm{s} + \frac{\rho}{2}U_\mathrm{s}^2$ となる．また，少し下流の S 点においては流速分布が変曲点を持つ剥離が生じ，その下流では逆流が起こる．さらに，物体の後ろには後流 (wake) と呼ばれる渦が発生する．

この剥離や後流は図 10.2 に示す直方体のような物体の後ろにも発生し，物体前後の圧力差が大きくなり，平板のように壁面に働く摩擦応力のみならず圧力抗力

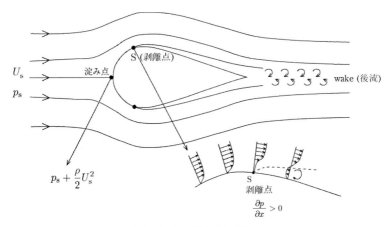

図 10.1　鈍形物体周りの流れ

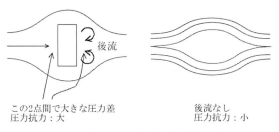

図 10.2　直方体および流線形物体周りの流れ

が非常に大きくなる．これに対して，図 10.2 の右図に示すような流線形の物体の場合には物体の前後で圧力差が小さいので後流は発生しにくくなる．

10.2　抗力と揚力

図 10.3 に示すように流れの中に置かれた静止物体，あるいは運動する物体と流体の相対運動の方向に働く力を抗力と呼び，相対運動の方向と垂直な方向に働く力を揚力と呼ぶ．

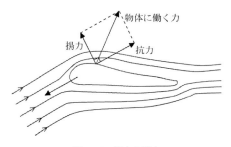

図 10.3　揚力と抗力

図 10.1 に示すように流れの方向に対して上下対称の形状を持つ物体の場合には，揚力は働かず抗力のみが働く．この抗力は物体表面に働く圧力の相対方向成分を物体全表面上で積分することにより得られる圧力抗力 (pressure drag) と物体表面に働く壁面摩擦応力の相対方向成分を物体全表面上で積分することにより得られる摩擦抗力 (friction drag) の合計からなる．つまり，

$$全抗力\ (\text{total drag}) = 圧力抗力\ (\text{pressure drag}) + 摩擦抗力\ (\text{friction drag}) \tag{10.1}$$

となる．圧力抗力のことを別名，形状抗力 (form drag) と呼ぶ．全抗力に対する圧力抗力と摩擦抗力の寄与率は物体の形状や流れの方向に対する物体の向きに依存して変化する．

図 10.4 の左図に示す流線形の細長い物体の場合には摩擦抗力が圧力抗力よりもかなり大きくなり，右図のように 90° 回転させた場合には上下流側での圧力差が大きくなり圧力抗力が摩擦抗力よりもはるかに大きくなる．

図 10.4　流線形物体に働く抗力

これらの抗力を数式で表現すると次のようになる．いま，図 10.5 に示す奥行き方向に単位幅を持つ物体表面上の長さ ds の微小要素に垂直に働く圧力を p_s，接線方向の摩擦応力を τ_w とすると要素 ds に働く圧力による力は $p_s ds$ であり，相対運動の方向に平行な方向の力は $p_s \cos\theta ds$ となる．

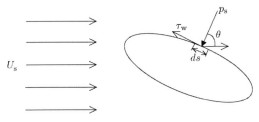

図 10.5　物体の微小要素に働く力

よって，相対運動に平行な方向に働く圧力抗力 D_p と摩擦抗力 D_f はこれらの力を物体全表面上で積分することにより

$$D_p = \oint p_s \cos\theta ds \tag{10.2}$$

$$D_f = \oint \tau_w \sin\theta ds \tag{10.3}$$

で与えられる．

D_p, D_f の値は物体表面上で流速がゼロ，物体から遠く離れたところで流速が U_s となる境界条件のもとで第 3 章で導出した連続の式および運動方程式を連立させて流速について解くことにより，正確に求めることができる．しかし，複雑な形状の物体に対しては，コンピュータを用いた数値計算は大変であり，実験的に簡便に評価する方法があれば実用的である．

そこで，抗力 D を便宜的に抗力係数 C_D を用いて次式で表すことにし，C_D を実験で決定することにより D を評価する方法が使用されている．

$$D = \frac{1}{2} C_\mathrm{D} \rho U_\mathrm{s}^2 A \tag{10.4}$$

ここで，A は相対運動の方向に垂直な物体の投影面積，ρ は流体の密度，U_s は周囲流の流速 (物体と流体の相対速度) である．

揚力の場合も同様にして揚力係数 C_L を用いて表される．

$$L = \frac{1}{2} C_\mathrm{L} \rho U_\mathrm{s}^2 A \tag{10.5}$$

よって，流体が物体に及ぼす全流体力 F は

$$F = \sqrt{L^2 + D^2} = \frac{1}{2} \rho U_\mathrm{s}^2 A \sqrt{C_\mathrm{L}^2 + C_\mathrm{D}^2} \tag{10.6}$$

で与えられる．

10.3 抗力係数を支配するパラメータ (次元解析)

前節で述べた抗力がどのようなパラメータで相関されるのかについて考察するため次元解析 (π 定理) を用いる．

いま，密度 ρ，粘性係数 μ，一様流速 U_s の中に長さ l の物体が置かれたとして，抗力 D が次式で与えられるとする．

$$D = \rho^a \mu^b U_\mathrm{s}^c l^d g^e \sigma^f K^h \tag{10.7}$$

ここで，σ は表面張力，K は体積弾性率，g は重力加速度である．三つの次元, M (重さ), L (長さ), T (時間) を導入すると，式 (10.7) の両辺の次元は

$$\frac{ML}{T^2} = \left(\frac{M}{L^3}\right)^a \left(\frac{M}{LT}\right)^b \left(\frac{L}{T}\right)^c (L)^d \left(\frac{L}{T^2}\right)^e \left(\frac{M}{T^2}\right)^f \left(\frac{M}{T^2 L}\right)^h$$

10.3 抗力係数を支配するパラメータ (次元解析)

となる. 両辺の M, L, T のべき数が一致しなければならないので

$$M \text{ のべき数} \quad 1 = a + b + f + h$$
$$T \text{ のべき数} \quad -2 = -b - c - 2e - 2f - 2h$$
$$L \text{ のべき数} \quad 1 = -3a - b + c + d + e - h$$

となり, 整理すると

$$a = 1 - b - f - h$$
$$c = 2 - b - 2e - 2f - 2h$$
$$d = 1 + 3a + b - c - e + h = 2 - b - f + e$$

となる. これらを式 (10.7) に代入すると

$$D = \rho^{(1-b-f-h)} \mu^b U_\text{s}^{(2-b-2e-2f-2h)} l^{(2-b-f+e)} g^e \sigma^f K^h$$
$$= \rho U_\text{s}^2 l^2 \underbrace{\left(\frac{\mu}{\rho U_\text{s} l}\right)^b}_{1/Re} \underbrace{\left(\frac{\sigma}{\rho U_\text{s}^2 l}\right)^f}_{1/We^2} \underbrace{\left(\frac{gl}{U_\text{s}^2}\right)^e}_{1/Fr^2} \underbrace{\left(\frac{K}{\rho U_\text{s}^2}\right)^h}_{1/M^2} \quad (10.8)$$

が得られる. よって

$$D = \rho U_\text{s}^2 l^2 \phi(Re, Fr, We, M) \quad (10.9)$$

となる. ここで, Fr はフルード数 (Froude number) であり, 速度スケールを U, 長さスケールを L とすると,

$$Fr = \frac{慣性力}{重力} = \frac{\rho U^2 L^2}{\rho L^3 g} = \frac{U^2}{gL}$$

となる. 一般には, この平方根をとり, Fr は

$$Fr = \frac{U}{\sqrt{gL}}$$

で定義される. この Fr は鉛直方向に密度勾配を持つ流れや, 自由表面を持つ流れで重要なパラメータとなる.

式 (10.9) 中の We はウェーバ数 (Weber number) であり, 表面張力 σ を用いて,

$$We = \frac{慣性力}{表面張力} = \frac{\rho U^2 L^2}{\sigma L} = \frac{\rho U^2 L}{\sigma}$$

となる. この We も平方根をとって,

で定義される．この数は，表面張力波や液滴など比較的曲率の大きな気液界面を持つ流体で重要なパラメータとなる．式 (10.9) 中の M はマッハ数 (Mach number) であり，

$$M = \frac{慣性力}{弾性力} = \frac{\rho U^2 L^2}{KL^2} = \frac{U^2}{K/\rho} = \frac{U^2}{a^2}$$

となる．この場合も平方根をとって，

$$M = \frac{U}{a}$$

で定義される．流体が高速で流れる場合には，流体の圧縮性が問題となり，M が重要なパラメータとなる．

式 (10.4) より，

$$\frac{1}{2} C_\mathrm{D} \rho U_\mathrm{s}^2 A = \rho U_\mathrm{s}^2 l^2 \phi(Re, Fr, We, M)$$

であり，$A \propto l^2$ であるから

$$C_\mathrm{D} = \phi'(Re, Fr, We, M) \qquad (10.10)$$

となる．よって，流体の密度や表面張力の変化のない非圧縮性流体に対しては，Fr, We, M 数が一定であり，C_D はレイノルズ数 Re のみの関数となる．

$$C_\mathrm{D} = \phi'(Re) \qquad (10.11)$$

10.4 円柱周りの流れ

流速 U_s の一様流中に置かれた直径 d の円柱周りの流れと前方から後方に至るまでの円柱表面での圧力分布を種々のレイノルズ数 $Re(= \rho U_\mathrm{s} d/\mu)$ に対してスケッチしたものを図 10.6 に示す．これらの図に示すように，Re が 1.0 以下の遅い流れにおいては円柱前後の流速と圧力の分布は対称形となり，摩擦抗力が支配的となる．Re の増加とともに円柱の後に剥離が発生し，後流 (wake) が作られる．また，圧力分布も上流側で大きく，下流側で小さい非対称なものとなる．Re が約 2×10^5 を超えると円柱周りの流れは乱流に遷移し，乱流境界層が形成され，円柱後方の流れも激しく乱れた流れとなる．

10.4 円柱周りの流れ

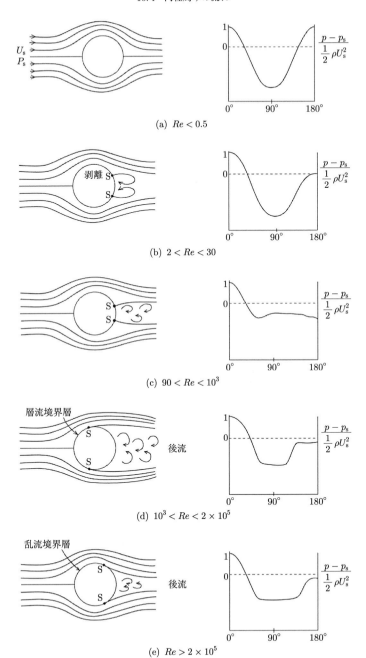

図 10.6 円柱周りの流れと圧力分布

なお，図 10.6 中の (c) から (d) に至る領域 ($10^2 < Re < 10^5$) では，図 10.7 に示す上下交互に発生するカルマン渦 (Karman vortex) が見られる．このカルマン渦の発生周波数 f は，fd/U_{s} で定義されるストローハル数 (Strouhal number) St に対して

$$St(= fd/U_{\mathrm{s}}) = 0.198(1 - 19.7/Re) \tag{10.12}$$

で与えられる．このカルマン渦は身近なところではプールの中を歩いたときの体の後の流れや，山や島を過ぎる雲の流れの衛星写真などにも見ることができる．

この円柱に働く抗力から式 (10.4) で定義された抗力係数 C_{D} を実験により求め

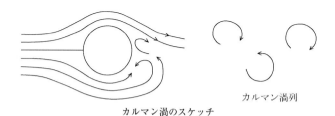

カルマン渦のスケッチ　　　　カルマン渦列

カルマン渦の可視化写真 (Van Dyke 1982)

図 **10.7**　カルマン渦

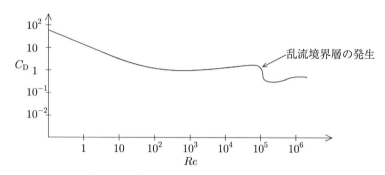

図 **10.8**　円柱に対する抗力係数 C_{D} と Re の関係

て，Re に対して示した概形が図 10.8 である (機械工学便覧 2003).

C_D は $Re < 1$ の領域では直線的に減少し，Re の増加とともに $C_D = 1$ 近くの値をとり，$Re = 10^5$ 近くで乱流に遷移すると急に減少し，$Re > 10^7$ では，横ばいの状態になる．

10.5　球周りの流れ

円柱の場合と同様に一様流中に置かれた球を過ぎる流れをスケッチしたものを図 10.9 に示す．球の径 d に基づく Re に対して，$Re < 24$ 以下では上流側と下流側で対称的な流れとなるため後流は現れないが，Re の増加とともに後流が発生し，$Re > 200$ でカルマン渦が観察される．$Re > 10^5$ では乱流状態になる．

$Re < 1$ の非常に遅い流れの場合には，球の周りの流れの流速分布を解析的に

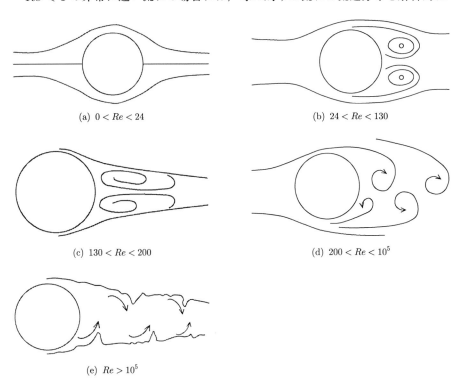

図 10.9　球周りの流れ

求めることができる.

いま,球座標に対する運動方程式は,式 (3.68)〜(3.70) より

(r 方向) $\quad \rho \left(\dfrac{\partial v_r}{\partial t} + v_r \dfrac{\partial v_r}{\partial r} + \dfrac{v_\theta}{r} \dfrac{\partial v_r}{\partial \theta} + \dfrac{v_\phi}{r \sin\theta} \dfrac{\partial v_r}{\partial \phi} - \dfrac{v_\theta^2 + v_\phi^2}{r} \right)$

$\qquad = -\dfrac{\partial p}{\partial r} + \mu \left[\dfrac{1}{r^2} \dfrac{\partial^2}{\partial r^2}(r^2 v_r) + \dfrac{1}{r^2 \sin\theta} \dfrac{\partial}{\partial \theta}\left(\sin\theta \dfrac{\partial v_r}{\partial \theta} \right) \right.$

$\qquad \left. + \dfrac{1}{r^2 \sin^2\theta} \dfrac{\partial^2 v_r}{\partial \phi^2} \right] + \rho \alpha_r \hfill (10.13)$

(θ 方向) $\quad \rho \left(\dfrac{\partial v_\theta}{\partial t} + v_r \dfrac{\partial v_\theta}{\partial r} + \dfrac{v_\theta}{r} \dfrac{\partial v_\theta}{\partial \theta} + \dfrac{v_\phi}{r \sin\theta} \dfrac{\partial v_\theta}{\partial \phi} + \dfrac{v_r v_\theta}{r} - \dfrac{v_\phi^2 \cot\theta}{r} \right)$

$\qquad = -\dfrac{1}{r}\dfrac{\partial p}{\partial \theta} + \mu \left[\dfrac{1}{r^2} \dfrac{\partial}{\partial r}\left(r^2 \dfrac{\partial v_\theta}{\partial r} \right) + \dfrac{1}{r^2} \dfrac{\partial}{\partial \theta}\left(\dfrac{1}{\sin\theta} \dfrac{\partial}{\partial \theta}(v_\theta \sin\theta) \right) \right.$

$\qquad \left. + \dfrac{1}{r^2 \sin^2\theta} \dfrac{\partial^2 v_\theta}{\partial \phi^2} + \dfrac{2}{r^2} \dfrac{\partial v_r}{\partial \theta} - \dfrac{2\cos\theta}{r^2 \sin^2\theta} \dfrac{\partial v_\phi}{\partial \phi} \right] + \rho \alpha_\theta \hfill (10.14)$

(ϕ 方向) $\quad \rho \left(\dfrac{\partial v_\phi}{\partial t} + v_r \dfrac{\partial v_\phi}{\partial r} + \dfrac{v_\theta}{r} \dfrac{\partial v_\phi}{\partial \theta} + \dfrac{v_\phi}{r \sin\theta} \dfrac{\partial v_\phi}{\partial \phi} + \dfrac{v_\phi v_r}{r} + \dfrac{v_\theta v_\phi}{r} \cot\theta \right)$

$\qquad = -\dfrac{1}{r \sin\theta}\dfrac{\partial p}{\partial \phi} + \mu \left[\dfrac{1}{r^2} \dfrac{\partial}{\partial r}\left(r^2 \dfrac{\partial v_\phi}{\partial r} \right) + \dfrac{1}{r^2} \dfrac{\partial}{\partial \theta}\left(\dfrac{1}{\sin\theta} \dfrac{\partial}{\partial \theta}(v_\phi \sin\theta) \right) \right.$

$\qquad \left. + \dfrac{1}{r^2 \sin^2\theta} \dfrac{\partial^2 v_\phi}{\partial \phi^2} + \dfrac{2}{r^2 \sin\theta} \dfrac{\partial v_r}{\partial \phi} + \dfrac{2\cos\theta}{r^2 \sin^2\theta} \dfrac{\partial v_\theta}{\partial \phi} \right] + \rho \alpha_\phi \hfill (10.15)$

で与えられる.流れに垂直な面上の周方向の流れはなく $v_\phi = 0$ であり,外力も働かないので,式 (3.67) の連続の式を自動的に満たす流れ関数 ψ を導入すると v_r と v_θ は

$$v_r = -\frac{1}{r^2 \sin\theta} \frac{\partial \psi}{\partial \theta} \qquad (10.16)$$

$$v_\theta = \frac{1}{r \sin\theta} \frac{\partial \psi}{\partial r} \qquad (10.17)$$

で与えられる.この流れ関数 ψ を導入して,式 (10.13) および式 (10.14) から圧力項を消去すると,

$$\frac{\partial}{\partial t}(E^2 \psi) + \frac{1}{r^2 \sin\theta} \frac{\partial(\psi, E^2 \psi)}{\partial(r, \theta)} - \frac{2E^2 \psi}{r^2 \sin^2\theta}\left(\frac{\partial \psi}{\partial r}\cos\theta - \frac{1}{r}\frac{\partial \psi}{\partial \theta}\sin\theta \right) = \nu E^4 \psi \qquad (10.18)$$

となる.ここで,左辺第 2 項のヤコビアンは,

$$\frac{\partial(f,g)}{\partial(x,y)} = \begin{vmatrix} \partial f/\partial x & \partial f/\partial y \\ \partial g/\partial x & \partial g/\partial y \end{vmatrix} \tag{10.19}$$

で定義される.また,微分演算子 E^2 は,

$$E^2 \equiv \frac{\partial^2}{\partial r^2} + \frac{\sin\theta}{r^2}\frac{\partial}{\partial\theta}\left(\frac{1}{\sin\theta}\frac{\partial}{\partial\theta}\right) \tag{10.20}$$

で与えられる.

$Re < 1$ の非常に低速の定常流を考えると,慣性項 (対流項) が粘性項に比べて無視できるほど小さいので,式 (10.18) は,

$$E^4\psi = E^2(E^2\psi) = 0 \tag{10.21}$$

となる.つまり,

$$\left[\frac{\partial^2}{\partial r^2} + \frac{\sin\theta}{r^2}\frac{\partial}{\partial\theta}\left(\frac{1}{\sin\theta}\frac{\partial}{\partial\theta}\right)\right]^2 \psi = 0 \tag{10.22}$$

となる.この方程式を境界条件,

$$v_r = 0 \quad (r = R \text{ のとき}) \tag{10.23}$$

$$v_\theta = 0 \quad (r = R \text{ のとき}) \tag{10.24}$$

$$\psi = -\frac{1}{2}U_s r^2 \sin^2\theta \quad (v_z = U_s) \quad (r \to \infty \text{ のとき}) \tag{10.25}$$

のもとで解けばよい.

式 (10.25) より,

$$\psi = f(r)\sin^2\theta \tag{10.26}$$

と仮定すると,

$$\left(\frac{d^2}{dr^2} - \frac{2}{r^2}\right)\left(\frac{d^2}{dr^2} - \frac{2}{r^2}\right)f(r) = 0 \tag{10.27}$$

となる.ここで,$f = Cr^n$ とすると,$n = -1, 1, 2, 4$ となるから,

$$f(r) = \frac{A}{r} + Br + Cr^2 + Dr^4 \tag{10.28}$$

を得る.式 (10.25) より,

$$D = 0, \quad C = -\frac{1}{2}U_s$$

となり,ψ は次式で与えられる.

$$\psi(r,\theta) = \left(\frac{A}{r} + Br - \frac{1}{2}U_\mathrm{s}r^2\right)\sin^2\theta \tag{10.29}$$

この ψ を式 (10.16) および式 (10.17) に代入すると

$$v_r = \left(U_\mathrm{s} - 2\frac{A}{r^3} - 2\frac{B}{r}\right)\cos\theta \tag{10.30}$$

$$v_\theta = \left(-U_\mathrm{s} - \frac{A}{r^3} + \frac{B}{r}\right)\sin\theta \tag{10.31}$$

となる．式 (10.23) および式 (10.24) より，

$$A = -\frac{1}{4}U_\mathrm{s}R^3, \quad B = \frac{3}{4}U_\mathrm{s}R$$

であるから，

$$\frac{v_r}{U_\mathrm{s}} = \left[1 - \frac{3}{2}\left(\frac{R}{r}\right) + \frac{1}{2}\left(\frac{R}{r}\right)^3\right]\cos\theta \tag{10.32}$$

$$\frac{v_\theta}{U_\mathrm{s}} = -\left[1 - \frac{3}{4}\left(\frac{R}{r}\right) - \frac{1}{4}\left(\frac{R}{r}\right)^3\right]\sin\theta \tag{10.33}$$

となる．また式 (10.13) より，

$$p = p_\mathrm{s} - \frac{3}{2}\frac{\mu U_\mathrm{s}}{R}\left(\frac{R}{r}\right)^2\cos\theta \tag{10.34}$$

$$\tau_{r\theta} = -\mu\left[r\frac{\partial}{\partial r}\left(\frac{v_\theta}{r}\right) + \frac{1}{r}\frac{\partial v_r}{\partial \theta}\right] = \frac{3}{2}\frac{\mu U_\mathrm{s}}{R}\left(\frac{R}{r}\right)^4\sin\theta \tag{10.35}$$

であるから，摩擦抗力 D_f と圧力抗力 D_p は

$$D_\mathrm{f} = \int_0^{2\pi}\int_0^\pi \left(\tau_{r\theta}|_{r=R}\sin\theta\right)R^2\sin\theta\, d\theta d\phi = 4\pi\mu R U_\mathrm{s} \tag{10.36}$$

$$D_\mathrm{p} = \int_0^{2\pi}\int_0^\pi \left(-p|_{r=R}\cos\theta\right)R^2\sin\theta\, d\theta d\phi = 2\pi\mu R U_\mathrm{s} \tag{10.37}$$

となり，全抗力 D は

$$D = D_\mathrm{f} + D_\mathrm{p} = 6\pi\mu R U_\mathrm{s} \tag{10.38}$$

となる．

以上に示したストークス (Stokes) の解析結果は，厳密には $Re < 0.1$ に適用可能であるが，近似的には $Re < 1$ まで成立することが知られている．よって，式 (10.4) で定義される抗力係数 C_D は式 (10.38) を用いると

$$C_D = \frac{12\mu}{\rho U_s R} = \frac{24\mu}{\rho U_s d} = \frac{24}{Re} \quad (Re < 1) \tag{10.39}$$

となる．1よりも大きな Re に対しては，ストークスの解析で用いた仮定からも明白なように C_D を解析的に求めることはできないので，実験により評価された次式が提案されている．

$Re < 1$	$C_D = 24/Re$	ストークス領域
$1 < Re < 500$	$C_D = f(Re) \approx 24/Re^{0.643}$	アレン領域
$500 < Re < 10^5$	$C_D = 0.44$	ニュートン領域
$Re > 2 \times 10^5$	$C_D = 0.2$	完全乱流領域

これらの C_D と Re の関係の概形は図 10.10 のようになる (機械工学便覧 2003)．

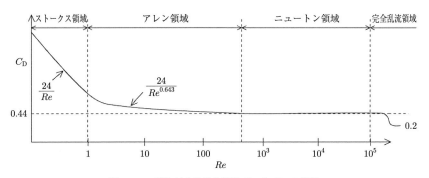

図 10.10 球に対する抗力係数 C_D と Re の関係

10.6 流体中での固体球形粒子の運動

ここでは，前節に示した一様流中に置かれた球に対する抗力係数 C_D を用いて流体中での固体粒子の運動について述べる．

10.6.1 重力下での粒子の運動

〈流体が静止している場合〉

図 10.11 に示すように密度 ρ_f を持つ静止流体中を密度 ρ_s，直径 d の球形粒子が速度 U で運動している場合に粒子に働く力について考える．粒子に働く力は抗力 D，浮力 F_b，重力 F_g であるから粒子の重量を $m(= \frac{\pi}{6}d^3\rho_s)$ とすれば，水

第 10 章 物体周りの流れ

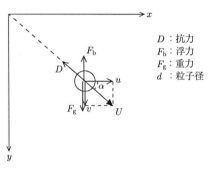

図 10.11 静止流体中の粒子に働く力

平 (x) 方向，鉛直 (y) 方向の粒子の速度 u および v に対する運動方程式は

$$m\frac{du}{dt} = -D\cos\alpha \tag{10.40}$$

$$m\frac{dv}{dt} = (F_g - F_b) - D\sin\alpha \tag{10.41}$$

となる．ここで，

$$D = \frac{1}{2}C_D \rho_f U^2 A \qquad \cos\alpha = u/U$$

$$F_g = \rho_s g \frac{\pi}{6} d^3 \qquad \sin\alpha = v/U \tag{10.42}$$

$$F_b = \rho_f g \frac{\pi}{6} d^3 \qquad A = \frac{1}{4}\pi d^2$$

(添字　s：固体粒子，f：流体)

である．式 (10.42) を式 (10.40) および式 (10.41) に代入すると，

$$\frac{du}{dt} = -\frac{3}{4} C_D \left(\frac{\rho_f}{\rho_s}\right) uU/d \tag{10.43}$$

$$\frac{dv}{dt} = \left(\frac{\rho_s - \rho_f}{\rho_s}\right) g - \frac{3}{4} C_D \left(\frac{\rho_f}{\rho_s}\right) vU/d \tag{10.44}$$

となり，これらの式に

$$U = \sqrt{u^2 + v^2} \tag{10.45}$$

を代入し，初期条件

$$u = u_0,\ v = v_0 \quad (t = 0\text{ のとき}) \tag{10.46}$$

のもとで，ルンゲ・クッタ法などを使用して数値積分すれば，容易に u, v の解

が求められる．C_D の値については，最初に推定値を与え，U から $Re(= \rho U d/\mu)$ を計算し，C_D と Re が図 10.10 に示した C_D と Re の関係を満足するまで繰り返し計算を行うことにより得られる．

〈流体が運動している場合〉

流体が流速 $\bm{U}_f (= (u_f, v_f))$ で流れている場合には，その流体中を運動する粒子の速度を $\bm{U}_s (= (u_s, v_s))$ とすると粒子の運動方程式は流体と粒子の相対速度を考えて

$$m\frac{du_s}{dt} = D_x \tag{10.47}$$

$$m\frac{dv_s}{dt} = (F_g - F_b) + D_y \tag{10.48}$$

で与えられる．ここで，抗力ベクトル $\bm{D}(=(D_x, D_y))$ は，

$$\bm{D} = (D_x, D_y) = \frac{1}{2} C_D \rho_f (\bm{U}_f - \bm{U}_s)|\bm{U}_f - \bm{U}_s| A \tag{10.49}$$

であり，$\bm{U}_f - \bm{U}_s = (u_f - u_s, v_f - v_s)$ より，相対速度の大きさは

$$|\bm{U}_f - \bm{U}_s| = \sqrt{(u_f - u_s)^2 + (v_f - v_s)^2} \tag{10.50}$$

となる．よって，

$$D_x = \frac{1}{2} C_D \rho_f A (u_f - u_s) \sqrt{(u_f - u_s)^2 + (v_f - v_s)^2} \tag{10.51}$$

$$D_y = \frac{1}{2} C_D \rho_f A (v_f - v_s) \sqrt{(u_f - u_s)^2 + (v_f - v_s)^2} \tag{10.52}$$

を得る．これらの式 (10.51) および式 (10.52) を式 (10.47) および式 (10.48) に代入して，$\bm{U}_f (= (u_f, v_f))$ が既知であるとして初期条件のもとで数値的に解くことにより，u_s および v_s が求められる．

〈粒子が鉛直方向にのみ動く場合〉

この場合は，式 (10.44) において $U = v$ および $u = 0$ であるから，v に関する方程式は

$$\frac{dv}{dt} = \left(\frac{\rho_s - \rho_f}{\rho_s}\right) g - \frac{3}{4} C_D \left(\frac{\rho_f}{\rho_s}\right) v^2 \bigg/ d \tag{10.53}$$

となる．時間 t が十分経過し，運動が定常になったとすると，$dv/dt = 0$ であるから，

$$\left(\frac{\rho_\mathrm{s} - \rho_\mathrm{f}}{\rho_\mathrm{s}}\right) g = \frac{3}{4} C_\mathrm{D} \left(\frac{\rho_\mathrm{f}}{\rho_\mathrm{s}}\right) v^2 \bigg/ d$$

となり

$$u_\mathrm{t} \equiv v = \sqrt{\frac{4}{3}\left(\frac{\rho_\mathrm{s} - \rho_\mathrm{f}}{\rho_\mathrm{f}}\right) dg \bigg/ C_\mathrm{D}} \tag{10.54}$$

が得られる．この速度を 終末沈降速度 (terminal velocity) と呼ぶ．式 (10.54) の C_D に，図 10.10 に示す C_D と Re の関係を適用することにより繰り返し計算をすれば u_t が求まる．

〈流体が静止し，粒子速度が非常に遅い，または，粒子径が非常に小さい ($Re < 1$) 場合〉

この場合は，ストークスの仮定が成立するから，

$$C_\mathrm{D} = \frac{24}{Re}$$

を式 (10.43) および式 (10.44) に代入すれば，u，v を繰り返し計算を行うことなく容易に数値的に求めることができる．

このような重力により粒子が流体中を動く場合の粒子速度の計算は，泥水の濾過などに用いられる重力沈降分離機などの設計に利用される．

10.6.2　遠心力の働く場での粒子の運動

図 10.12 に示すように z 軸を中心に回転する流体中に置かれた半径 r の位置での粒子が受ける遠心力について考える．円柱座標系における流体の流速は流体が θ 方向にしか流れないことから $\boldsymbol{U}_\mathrm{f} (= (0, u_{\theta\mathrm{f}}, 0))$ となり，粒子の速度を $\boldsymbol{U}_\mathrm{s} (= (u_{r\mathrm{s}}, u_{\theta\mathrm{s}}, u_{z\mathrm{s}}))$ とすると

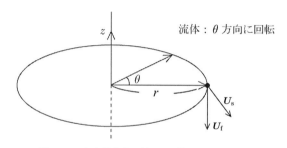

図 10.12　回転流体中に置かれた粒子に働く遠心力

10.6 流体中での固体球形粒子の運動

$$m\frac{du_{rs}}{dt} = \frac{mu_{\theta s}^2}{r} - \frac{m'u_{\theta f}^2}{r} + D_r \tag{10.55}$$

$$m\frac{du_{\theta s}}{dt} = D_\theta \tag{10.56}$$

$$m\frac{du_{zs}}{dt} = -(F_g - F_b) + D_z \tag{10.57}$$

となる．よって抗力は，

$$\begin{aligned}\boldsymbol{D} = (D_r, D_\theta, D_z) &= \frac{1}{2}C_D\rho_f A\frac{(\boldsymbol{U}_f - \boldsymbol{U}_s)}{|\boldsymbol{U}_f - \boldsymbol{U}_s|}|\boldsymbol{U}_f - \boldsymbol{U}_s|^2 \\ &= \frac{1}{2}C_D\rho_f A(\boldsymbol{U}_f - \boldsymbol{U}_s)|\boldsymbol{U}_f - \boldsymbol{U}_s|\end{aligned} \tag{10.58}$$

$$\begin{aligned}F_g &= \frac{\pi}{6}d_s^3\rho_s g \\ F_b &= \frac{\pi}{6}d_s^3\rho_f g \\ m &= \frac{\pi}{6}d_s^3\rho_s \\ m' &= \frac{\pi}{6}d_s^3\rho_f\end{aligned} \tag{10.59}$$

で与えられる．なお，式 (10.55) の遠心力項は流体が完全に一様で流速勾配がないと仮定すると，図 10.13 に示す $rdrd\theta dz$ の微小体積に働く力のバランスをとることにより得られる．

$$rd\theta dz p + rd\theta drdz\rho_f\frac{u_{\theta f}^2}{r} + \left(p + \frac{dp}{2}\right)drdz\sin\frac{d\theta}{2} \times 2 = (r+dr)d\theta dz(p+dp) \tag{10.60}$$

ここで四次の微小項を無視すると，

$$dp = \rho_f u_{\theta f}^2 dr/r \tag{10.61}$$

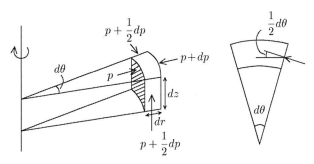

図 **10.13** 遠心力場における微小流体要素に働く力

となる. 粒子面積が $rd\theta dz$ に等しいとすると, 全圧力は,

$$F_{\text{cf}} = rdpd\theta dz = \frac{\rho_f u_{\theta f}^2}{r} rd\theta drdz = \frac{u_{\theta f}^2}{r} m' \qquad (10.62)$$

で与えられる. この力は, $dp > 0$ より, 粒子に働く遠心力と逆向きに働くから, 半径方向に遠心力によって受ける力は,

$$\frac{mu_{\theta s}^2}{r} - \frac{m' u_{\theta f}^2}{r}$$

となり, 後者は流体の圧力で戻されようとする力である. このような遠心力の働く粒子の運動については, サイクロンなどの遠心分離機の設計において必要となる.

10.6.3　静電力の働く場での粒子の運動

電気集塵機内の粒子のように高電圧を印加した場合には, 図 10.14 に示すように粒子に静電力が働く. 時間 t の間に粉塵粒子に衝突して与える負イオンの数, すなわち粉塵粒子が負イオンと衝突して得る電荷の数 n は, $d_s > 0.5\ \mu\text{m}$ 以上の場合

$$n = \left(1 + 2\frac{\epsilon - 1}{\epsilon + 2}\right) \frac{E d_s^2}{4e} \qquad (10.63)$$

で与えられる (亀井 1975). ここで, e は単位電荷量, E は電界強度, d_s は粒子径, ϵ は誘電率を表す. イオンがガス中を熱運動しながらその濃度差によって拡散し, 粒子と接触して電荷を与える現象, つまり, イオンの拡散による帯電電荷数がないとすれば, 粒子に働くクーロン力は,

$$F_c = neE \qquad (10.64)$$

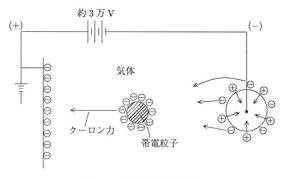

図 10.14　粒子に働く静電力

となり，この力が外力として働く．よって，

$$m\frac{du_\mathrm{s}}{dt} = F_{\mathrm{c}x} + D_x \tag{10.65}$$

$$m\frac{dv_\mathrm{s}}{dt} = (F_\mathrm{g} - F_\mathrm{b}) + F_{\mathrm{c}y} + D_y \tag{10.66}$$

となり，D_x および D_y は式 (10.49) により，F_g および F_b は式 (10.42) で与えられる．

また，流体が静止し，クーロン力は x 方向にのみ働き，粒子径基準の Re が $Re < 1$ であれば，

$$F_{\mathrm{c}x} = neE \tag{10.67}$$

$$D_x = -\frac{1}{2}C_\mathrm{D}\rho_\mathrm{f} u_\mathrm{s}^2 A = -3\pi\mu_\mathrm{f} d_\mathrm{s} u_\mathrm{s} \tag{10.68}$$

であり，定常状態では $F_{\mathrm{c}x} = -D_x$ より粒子速度 u_s は

$$u_\mathrm{s} = neE/(3\pi\mu_\mathrm{f} d_\mathrm{s}) \tag{10.69}$$

で与えられる．

10.7 翼周りの流れ

流体中に置いた場合に，抗力に比べて揚力が大きくなるように作られた物体を翼 (aerofoil) と呼ぶ．この翼形状および各部の名称を図 10.15 に示す．

翼に作用する揚力 L，抗力 D およびモーメント M (翼の前縁周りのモーメント) は，単位幅あたり，

$$L = C_\mathrm{L} l \frac{\rho U_\mathrm{s}^2}{2} \tag{10.70}$$

$$D = C_\mathrm{D} l \frac{\rho U_\mathrm{s}^2}{2} \tag{10.71}$$

$$M = C_\mathrm{M} l^2 \frac{\rho U_\mathrm{s}^2}{2} \tag{10.72}$$

であり，翼の性能は，これらの揚力係数 C_L，抗力係数 C_D，モーメント係数 C_M で決まる．

迎え角 α と C_L および C_D の関係は図 10.16 に示す通りであり，α が大きくなると C_L は増加し，α が約 15° を超えると図 10.15 に示すように翼の後端に剥離

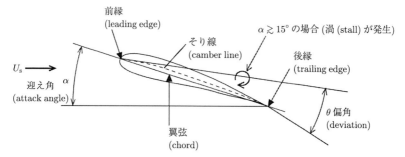

前縁 (leading edge)　　　　：翼の上流端
後縁 (trailing edge)　　　　：翼の下流端
翼弦線 (chord line)　　　　：前縁と後縁を結ぶ線
翼弦長 (chord length)　　 ：翼弦線の長さ $(= l)$
そり線 (camber line)　　　：翼の上面と下面の中心点を結ぶ線
そり (camber)　　　　　　：そり線の翼弦からの高さの最大値 $(= \delta)$
翼幅 (span)　　　　　　　：紙面に垂直な方向の翼幅 $(= b)$
翼面積 (plan area)　　　　：翼弦線を含む平面上に投影した翼の最大投影面積
　　　　　　　　　　　　　　$(= A)$，翼が一定の断面を持つときは $A = bl$
平均翼弦長さ (mean chord)：$\bar{c} = A/b$
アスペクト比 (aspect ratio)：$A_{\mathrm{R}} = b/l = b^2/A$
偏角 (deviation)　　　　　：後縁でのそり線の接線と前縁でのそり線の接線の
　　　　　　　　　　　　　　なす角度
迎え角 (angle of attack)　 ：相対運動の方向と翼弦のなす角度

図 10.15　翼形状および各部の名称

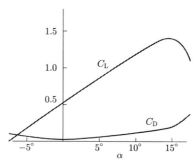

図 10.16　翼の性能曲線

の発生にともなう渦 (stall) が生じ，C_L は急激に減少する．

翼性能は，揚力と抗力の比

$$\frac{L}{D} = \frac{C_\mathrm{L}}{C_\mathrm{D}} \tag{10.73}$$

で決まり，この比を最大にする迎え角で最も翼の性能がよくなる．

10.7 翼周りの流れ

 これらの揚力および抗力を計算で求めるには，連続の式と運動方程式を翼形の境界条件に対して数値的に解けばよいが，翼形状は円柱や球のように単純ではなく，また，流速も遅いので容易ではない．しかし，定性的にでもよいから翼がいかにして揚力を発生させるのかなどの点について知ることは大切である．この揚力の発生メカニズムを知るのに役立つのが物体面近くの境界層を無視した完全流体の流れ (ポテンシャル流れ) を扱う方法であり，この方法の詳細について次章で述べることにする．

 なお，揚力の発生メカニズムをポテンシャル流れの仮定とベルヌーイの式を用いて簡単に説明すると以下のようになる．図 10.17 に示すように流速 U_s を持つ一様な流れの中に半径 R の円柱が角速度 ω で回転しているとする．剥離がないポテンシャル流を仮定すると，x 軸と角度 θ をなす回転しない円柱表面での流体の流速は反時計回りを正とすると次章で導くように

$$v_\theta = -2U_s \sin\theta$$

となる．円柱が時計方向に ω で回転する場合には，円柱表面での流体には円柱の周速度が加わるから，回転円柱に対しては

$$v_\theta = -2U_s \sin\theta - R\omega \tag{10.74}$$

となる．円柱表面の圧力を p とし，粘性によるエネルギー消散がないポテンシャル流れを考える．円柱表面に沿っての流線上に対してベルヌーイの式を適用すると，重力の影響がないとして

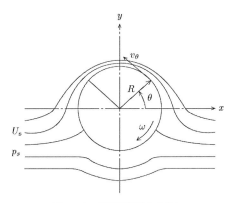

図 **10.17**　回転円柱周りの流れ

$$p_\mathrm{s} + \frac{\rho}{2}U_\mathrm{s}^2 = p + \frac{\rho}{2}\left(2U_\mathrm{s}\sin\theta + R\omega\right)^2 \tag{10.75}$$

を得る．よって，

$$\frac{p - p_\mathrm{s}}{\rho\frac{U_\mathrm{s}^2}{2}} = 1 - \left(\frac{2U_\mathrm{s}\sin\theta + R\omega}{U_\mathrm{s}}\right)^2 \tag{10.76}$$

となる．単位幅を持つ円柱の微小面積 $Rd\theta$ に流体が及ぼす力は鉛直上向を正にとると $-pRd\theta$ であるから，その y 方向成分 $-pRd\theta\sin\theta$ を円柱表面全体に対して積分したものが揚力となる．y 軸に対する左右の流れの対称性を考えると，単位幅を持つ円柱に作用する揚力 L は，式 (10.76) より

$$\begin{aligned}
L &= 2\int_{-\frac{\pi}{2}}^{\frac{\pi}{2}} -pR\sin\theta d\theta \\
&= -2\int_{-\frac{\pi}{2}}^{\frac{\pi}{2}} p_\mathrm{s}R\sin\theta d\theta - R\rho U_\mathrm{s}^2\int_{-\frac{\pi}{2}}^{\frac{\pi}{2}}\left[1 - \left(\frac{2U_\mathrm{s}\sin\theta + R\omega}{U_\mathrm{s}}\right)^2\right]\sin\theta d\theta \\
&= -R\rho U_\mathrm{s}^2\int_{-\frac{\pi}{2}}^{\frac{\pi}{2}}\left[1 - \left(\frac{R\omega}{U_\mathrm{s}}\right)^2 - \frac{4R\omega}{U_\mathrm{s}}\sin\theta - 4\sin^2\theta\right]\sin\theta d\theta = 2\pi R^2\omega\rho U_\mathrm{s}
\end{aligned} \tag{10.77}$$

となる．また，円柱の周速度を $u = R\omega$ とすると

$$L = 2\pi Ru\rho U_\mathrm{s} \tag{10.78}$$

となる．

図 10.18 に示す任意の閉曲線 S 上の任意の点における流速を V とし，閉曲線の接線となす角を θ とすると，循環 Γ は

$$\Gamma = \int_S V\cos\theta dS \tag{10.79}$$

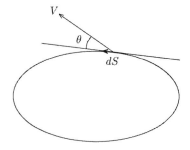

図 10.18　循環

で定義される．図 10.17 に示す回転円柱の場合の循環は反時計回りを正とするので，周速度 u を用いると，

$$\Gamma = -2\pi R u \tag{10.80}$$

となる．式 (10.78) の揚力と比較すると，

$$L = -\rho U_{\rm s} \Gamma \tag{10.81}$$

の関係が得られる．

次章の完全流体の流れ (ポテンシャル流れ) の解析のところで述べるが，式 (10.81) は回転円柱の場合だけでなく，$U_{\rm s}$ を持つ一様流れの中に置かれた翼などの任意の物体の周りの循環が Γ であるとき，その物体に働く揚力に対しても成立する．この式 (10.81) をクッタ・ジューコフスキー (Kutta–Joukowski) の定理と呼ぶ．

この回転円柱の場合と同様にして翼に揚力が発生する理由を説明することができる．いま，静止流体中に置かれた翼を静止状態から動かすとする．動かした直後では，図 10.19 の (a) に示すようなポテンシャル流れとなり，後方の淀み点はA 点にできる．そのため流れは後縁 B を回って A 点に近づくように流れる．しかし，翼を動かした直後を除く実際の流れの場合には，後縁 B がとがっているため流体は翼面に沿って A 点側には流れることができず，(b) 図のように渦を生じる．さらに，時間が経過するとこの渦は主流によって後方に流され，翼上面の流れは後縁の方に吸い寄せられて後縁が淀み点となり，(c) 図のように渦が後方に押し流された状態となる．

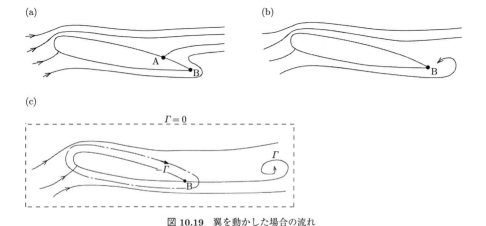

図 10.19 翼を動かした場合の流れ

$\mu=0$ の完全流体に対して成立するケルビンの定理「保存力場では，流体とともに動く閉曲線に沿っての循環は時間の経過にかかわらず一定である」に従えば，翼を動かす前までは渦は全く存在していなかったのであるから，図 10.19(c) の破線で囲む領域では循環はゼロにならなければならない．つまり，翼後方に循環 Γ の渦ができた場合には，翼周りには同じ大きさを持つ逆向きの循環ができなければならない．翼が動き始めることによってできた渦を出発渦 (starting vortex)，翼周りの仮想的な渦を束縛渦 (bound vortex) と呼ぶ．図 10.20 に示す可視化写真において，翼が動き始めた直後には (a) 図のように後方に反時計方向の出発渦が見られるが，翼を急に静止すると翼周りの束縛渦がなくなるので (b) 図のようにケルビンの定理に従って時計方向に回転する渦が新たに作られるのが見られる．

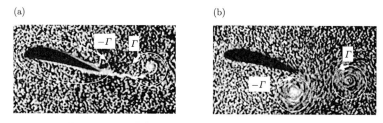

図 10.20 翼の後方にできる渦の可視化写真 (Barker 1986)

このように，翼の後縁で速度が無限大でなく有限の値を持ち上面と下面の流れが滑らかに合流し，流れ去るということは翼の周りの循環の大きさを決定するための必要条件であり，これをクッタ (Kutta) の条件，あるいは，ジューコフスキー (Joukowski) の仮定という．

以上に示したように，翼に揚力が働く理由は，回転円柱の周りに循環が存在するために揚力が生じるのと同様で，翼の周りに図 10.19 の場合であれば時計回りの循環が存在するためであることがわかる．

なお，このケルビンの定理は次のようにして証明される．

流速を $\boldsymbol{v}(u,v,w)$ とすると，流体中の閉曲線 C 上での循環は

$$\Gamma = \oint_C \boldsymbol{v}\cdot d\boldsymbol{S} = \oint_C (u\,dx + v\,dy + w\,dz) \tag{10.82}$$

で表される．いま，この閉曲線 C が流体とともに図 10.21 に示すように運動する場合を考える．つまり，時間 $t=0$ で $C(0)$ の曲線が流体と一緒に時間 t で $C(t)$

10.7 翼周りの流れ

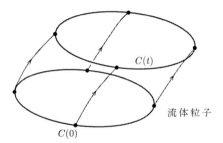

図 **10.21** 流体とともに動く閉曲線 C

まで動いたとする．閉曲線 C は流体とともに動くので流体の速度に乗った座標系，つまり，実質微分を用いて考える．流体中の十分接近した二つの点 $\boldsymbol{x}$ および $\boldsymbol{x} + \Delta\boldsymbol{x}$ での流体粒子の速度を $\boldsymbol{v}$ および $\boldsymbol{v} + \Delta\boldsymbol{v}$ とすると

$$\frac{D}{Dt}(\boldsymbol{x} + \Delta\boldsymbol{x}) = \boldsymbol{v} + \Delta\boldsymbol{v} = \frac{D\boldsymbol{x}}{Dt} + \frac{D\Delta\boldsymbol{x}}{Dt} = \boldsymbol{v} + \frac{D\Delta\boldsymbol{x}}{Dt} \tag{10.83}$$

より

$$\frac{D\Delta\boldsymbol{x}}{Dt} = \Delta\boldsymbol{v} \tag{10.84}$$

となる．式 (10.82) より閉曲線 C が流体と一緒に動いたときの Γ の時間変化は，

$$\frac{D\Gamma}{Dt} = \frac{D}{Dt}\oint_C \boldsymbol{v} \cdot d\boldsymbol{S} = \lim_{n\to\infty}\sum_n \frac{D}{Dt}\left(\boldsymbol{v}^{(n)} \cdot \delta \boldsymbol{S}^{(n)}\right) = \oint_C \frac{D}{Dt}(\boldsymbol{v} \cdot d\boldsymbol{S}) \tag{10.85}$$

となり，微分の順序を交換できる．

さらに，式 (10.85) は

$$\frac{D}{Dt}\oint_C \boldsymbol{v} \cdot d\boldsymbol{S} = \oint_C \frac{D\boldsymbol{v}}{Dt} \cdot d\boldsymbol{S} + \oint_C \boldsymbol{v} \cdot \frac{D(d\boldsymbol{S})}{Dt} \tag{10.86}$$

となる．この式に式 (10.84) の関係を代入すると，右辺第 2 項は

$$\oint_C \boldsymbol{v} \cdot \frac{D(d\boldsymbol{S})}{Dt} = \oint_C \boldsymbol{v} \cdot d\boldsymbol{v} = \oint_C d\left(\frac{1}{2}V^2\right) = 0 \tag{10.87}$$

となる．ここで，$V^2 = u^2 + v^2 + w^2$ である．式 (10.87) の最後の積分値は V^2 の値が一周回ると同じ値となるため C 上での積分はゼロとなる．いっぽう，式 (10.86) の右辺第 1 項に $\mu = 0$ の完全流体に対するオイラー方程式

$$\frac{D\boldsymbol{v}}{Dt} = -\frac{1}{\rho}\nabla p + \boldsymbol{K} \tag{10.88}$$

を代入すると次式を得る．ここで，$\boldsymbol{K}$ は外力のベクトルであり，外力が重力のよ

うに保存力の場合，ポテンシャル Ω を用いると $\boldsymbol{K} = -\nabla\Omega$ となる．

$$\oint_C \frac{D\boldsymbol{v}}{Dt} \cdot d\boldsymbol{S} = \oint_C d\boldsymbol{S} \cdot \left(-\frac{1}{\rho}\nabla p - \boldsymbol{\nabla}\Omega\right) = -\oint_C d\boldsymbol{S} \cdot \boldsymbol{\nabla}\left(\frac{p}{\rho} + \Omega\right)$$
$$= -\oint_C d\left(\frac{p}{\rho} + \Omega\right) = 0 \tag{10.89}$$

ここで，関数 $f(\boldsymbol{S})$ に対する

$$df(\boldsymbol{S}) = d\boldsymbol{S} \cdot \boldsymbol{\nabla} f \tag{10.90}$$

の関係式を利用した．

よって，式 (10.87) および式 (10.89) を式 (10.86) に代入すると

$$\frac{D\Gamma}{Dt} = \frac{D}{Dt}\oint_C \boldsymbol{v} \cdot d\boldsymbol{S} = 0 \tag{10.91}$$

となり，閉曲線 C が完全流体と一緒に動くとき，循環 Γ は時間的に変化しないことがわかる．この式は，ケルビンの定理「保存力場では流体とともに動く閉曲線に沿っての循環は時間の経過にかかわらず一定である」にほかならない．

演 習 問 題

10.1 図に示すように時速 40 km/h の風が吹く中に面積 1.2 m^2，重さ 1.0 kg の凧が地上の水平面から角度 35° で揚がっている．糸の張力を 50 N，空気の密度を 1.2 kg/m^3 として抗力係数 C_D と揚力係数 C_L を求めよ．

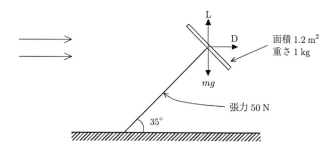

10.2 大きなタンクの水面から H だけ下にある小さな蛇口から重力により水が流速 V で流出している．水の粘性および蛇口での流出抵抗などは無視して，流速 V を次元解析により求めよ．

10.3 直径 0.002 m,密度 7800 kg/m^3 の鉄球を密度 1300 kg/m^3 の油の中に入れたとき,$v = 0.01$ m/s の一定の速度で,回転することなく落下した.

この場合の油の粘性係数 μ [Pa·s] を求めよ.また,鉄球が磁場などの何らかの一定の水平方向に働く外力を受けて水平方向にも $u = 0.01$ m/s の一定の速度で動く場合,この外力の大きさを求めよ.

10.4 時速 80 km/h の風が吹く中に直径 0.02 m,長さ 500 m の電線 20 本が風向と直角の向きに張りめぐらされているとする.電線間の干渉はないものとして電線が受ける全体の力 F を求めよ.また,電線の振動周波数を計算せよ.ただし,空気の密度を 1.2 kg/m^3,粘性係数を 1.7×10^{-5} Pa·s とし,抗力係数は $10^3 < Re < 10^5$ の領域では 1.0 の一定値をとると仮定する.

2 cm 径の電線が 20 本

$U = 80$ km/h

500 m

10.5 ケルビンの定理からすればジェット機が頻繁に離陸する空港では翼の後方に発生した渦が数多く存在し風が吹き荒れ続けるはずであるが,そうならないのはなぜか.

第 11 章 複素ポテンシャルを用いた物体周りの二次元流れの解析

粘性をもたない $\mu = 0$ の完全流体は現実的には存在しない架空の流体であるが，速度ポテンシャル ϕ と流れ関数 ψ からなる複素ポテンシャル $W(z)$ を用いた簡単な解析 (以後，ポテンシャル解析と略記する) が可能であり，物体周りの流れの概要を知るのには便利である．

しかし，速度ポテンシャル ϕ が定義できる流れは，非回転の流れ，つまり，渦を持たない流れである．したがって，前章で示した翼周りの流れを考える場合，図 11.1(a) に示すような剥離のない流れの物体周りの境界層の外側の流れに対しては，ポテンシャル解析は有用であるが，図 11.1(b) に示すように翼が傾き，翼の後面に剥離やそれに伴う後流が存在するような場合に対してはポテンシャル解析は不十分なものであることは言うまでもない．

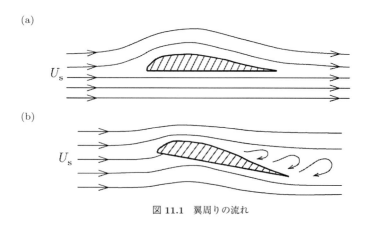

図 11.1　翼周りの流れ

また，円柱が流れの中に置かれた場合や人が川の流れの中に立った場合を想定し，ポテンシャル解析を適用したとすると上流側と下流側の流れが対称で圧力分布が全く同じになることから，人や物体には流体力が全く働かないという非現実

的な結果になる．この意味ではポテンシャル解析は，あくまでも流れを近似的に扱う応用数学的要素の強い流体力学，あるいはコンピュータで運動方程式を数値的に解くことのできなかった時代の簡便な流体力学であるとも言えるが，前章の後半でも述べたように物体に働く揚力の発生メカニズムや物体周りの境界層外側の流れの概要を知るためには便利である．もちろん，境界層外側の流れと言っても，複雑な形状をした任意の物体の周りの流れにポテンシャル解析を適用するのは困難であり，解析的に扱える限られた形状を持つ物体に対してのみ適用可能であることは言うまでもない．

11.1　ポテンシャル流れ

非圧縮性流体の場合，連続の式は，式 (3.59) より

$$\frac{\partial u}{\partial x} + \frac{\partial v}{\partial y} + \frac{\partial w}{\partial z} = 0 \tag{11.1}$$

となる．粘性流体に対する運動方程式 (3.60)～(3.62) において $\mu = 0$ とすると，オイラーの運動方程式

$$\rho\left(\frac{\partial u}{\partial t} + u\frac{\partial u}{\partial x} + v\frac{\partial u}{\partial y} + w\frac{\partial u}{\partial z}\right) = \rho\alpha_x - \frac{\partial p}{\partial x} \tag{11.2}$$

$$\rho\left(\frac{\partial v}{\partial t} + u\frac{\partial v}{\partial x} + v\frac{\partial v}{\partial y} + w\frac{\partial v}{\partial z}\right) = \rho\alpha_y - \frac{\partial p}{\partial y} \tag{11.3}$$

$$\rho\left(\frac{\partial w}{\partial t} + u\frac{\partial w}{\partial x} + v\frac{\partial w}{\partial y} + w\frac{\partial w}{\partial z}\right) = \rho\alpha_z - \frac{\partial p}{\partial z} \tag{11.4}$$

が得られる．完全流体の流速を求めるのには，式 (11.1)～(11.4) を初期条件と境界条件を用いて u, v, p について解けばよい．しかし，μ を含む粘性項を無視したオイラーの運動方程式といえども式 (11.1)～(11.4) を解析的に求めることは，特別な場合を除いては難しい．そこで，以下に示す速度ポテンシャル $\phi(x, y, z)$ を導入する．

いま，流速 u, v, w が

$$u = \frac{\partial \phi}{\partial x}, \quad v = \frac{\partial \phi}{\partial y}, \quad w = \frac{\partial \phi}{\partial z} \tag{11.5}$$

で与えられる関数 $\phi(x, y, z)$ が存在すると考える．このとき，

$$\frac{\partial u}{\partial y} = \frac{\partial^2 \phi}{\partial y \partial x} = \frac{\partial^2 \phi}{\partial x \partial y} = \frac{\partial v}{\partial x} \tag{11.6}$$

$$\frac{\partial v}{\partial z} = \frac{\partial^2 \phi}{\partial z \partial y} = \frac{\partial^2 \phi}{\partial y \partial z} = \frac{\partial w}{\partial y} \tag{11.7}$$

$$\frac{\partial w}{\partial x} = \frac{\partial^2 \phi}{\partial x \partial z} = \frac{\partial^2 \phi}{\partial z \partial x} = \frac{\partial u}{\partial z} \tag{11.8}$$

を得る．よって，ϕ が存在するためには

$$\frac{\partial u}{\partial y} - \frac{\partial v}{\partial x} = 0 \tag{11.9}$$

$$\frac{\partial v}{\partial z} - \frac{\partial w}{\partial y} = 0 \tag{11.10}$$

$$\frac{\partial w}{\partial x} - \frac{\partial u}{\partial z} = 0 \tag{11.11}$$

が満たされねばならない．

そこで，図 11.2 に示す x–y 平面上の微小流体要素 OACB を考える．

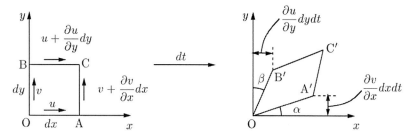

図 **11.2** 流体要素の回転と変形

微小時間 dt 後に要素 OACB が OA$'$C$'$B$'$ に変形したとすると，OA は角度 $\alpha \fallingdotseq \frac{\partial v}{\partial x}dt$ だけ反時計回りに，OB は角度 $\beta \fallingdotseq \frac{\partial u}{\partial y}dt$ だけ時計回りに回転してそれぞれ OA$'$, OB$'$ になる．したがって，この微小要素の z 軸周りの算術平均した平均角速度 ω_z は，反時計回りを正とすると

$$\omega_z = \frac{1}{2dt}\left(\frac{\partial v}{\partial x}dt - \frac{\partial u}{\partial y}dt\right) = \frac{1}{2}\left(\frac{\partial v}{\partial x} - \frac{\partial u}{\partial y}\right) = \frac{1}{2}\Omega_z \tag{11.12}$$

で与えられる．同様にして，y–z 平面上，z–x 平面上の微小要素の角速度を考えると，平均角速度は

$$\omega_x = \frac{1}{2}\left(\frac{\partial w}{\partial y} - \frac{\partial v}{\partial z}\right) = \frac{1}{2}\Omega_x \tag{11.13}$$

$$\omega_y = \frac{1}{2}\left(\frac{\partial u}{\partial z} - \frac{\partial w}{\partial x}\right) = \frac{1}{2}\Omega_y \tag{11.14}$$

となる. $2\omega_x, 2\omega_y, 2\omega_z$, つまり, $\Omega_x, \Omega_y, \Omega_z$ を流体要素の回転の強さを表す意味で, 渦度 (vorticity) と呼ぶ.

式 (11.9)〜(11.11) と式 (11.12)〜(11.14) を比較すると式 (11.5) を満足する ϕ が存在するためには, 流れは渦なし運動をしなければならない. もちろん, 式 (11.5) を連続の式 (11.1) に代入すると

$$\frac{\partial^2 \phi}{\partial x^2} + \frac{\partial^2 \phi}{\partial y^2} + \frac{\partial^2 \phi}{\partial z^2} = 0 \tag{11.15}$$

となり, ϕ はラプラス (Laplace) の微分方程式を満足しなければならない. このラプラスの微分方程式は, 空間に電荷が全くない場合の電位分布を求めるときの電磁気学上の基礎方程式である. このことから, 式 (11.15) の ϕ は, 流体を流すポテンシャルと考えられるので, この ϕ は速度ポテンシャルと呼ばれている.

また, 流体は ϕ の傾斜の最も大きな方向を選んで流れていくので, $\phi = $ 一定 となる等ポテンシャル曲線と流線とは直交しなければならない. 実際,

$$d\phi = \frac{\partial \phi}{\partial x}dx + \frac{\partial \phi}{\partial y}dy + \frac{\partial \phi}{\partial z}dz = udx + vdy + wdz = 0 \tag{11.16}$$

を満足する等ポテンシャル面上の式は, 流速ベクトル $\boldsymbol{V}(u,v,w)$ と等ポテンシャル曲線の接線ベクトル $d\boldsymbol{s}(dx,dy,dz)$ の内積がゼロとなることを示している. つまり, 流体の流れる方向は等ポテンシャル面に直角な方向となる.

この速度ポテンシャル ϕ を持つ式 (11.5) で与えられる流速 $\boldsymbol{V}(u,v,w)$ からなる渦なし流れのことをポテンシャル流れと呼ぶ.

円柱座標系の場合は

$$v_r = \frac{\partial \phi}{\partial r}, \quad v_\theta = \frac{1}{r}\frac{\partial \phi}{\partial \theta}, \quad v_z = v_z \tag{11.17}$$

であり, ラプラスの方程式は

$$\frac{\partial^2 \phi}{\partial r^2} + \frac{1}{r^2}\frac{\partial^2 \phi}{\partial \theta^2} + \frac{\partial^2 \phi}{\partial z^2} + \frac{1}{r}\frac{\partial \phi}{\partial r} = 0 \tag{11.18}$$

となる.

以上に示した速度ポテンシャル ϕ がラプラスの方程式から決まれば直交座標系の場合, 式 (11.5) から流速が求まり, それらの流速を式 (11.2)〜(11.4) に代入することにより圧力分布が求められる. 円柱座標系においても同様に式 (3.64)〜(3.66) で $\mu = 0$ として得られるオイラー方程式と式 (11.17) および式 (11.18) か

ら求められる.

しかし，ポテンシャル流れと言えども三次元のポテンシャル ϕ を解析的に求めることは難しいので，ここでは簡単な二次元のポテンシャル流れを考える．いま，x および y 方向の流速 u および v を第 9 章の式 (9.17) で示した流れ関数 ψ を用いて

$$u = \frac{\partial \psi}{\partial y}, \quad v = -\frac{\partial \psi}{\partial x} \tag{11.19}$$

で表すとき，この ψ は連続の式 (11.1) を自動的に満足する．

$$\frac{\partial u}{\partial x} + \frac{\partial v}{\partial y} = \frac{\partial^2 \psi}{\partial x \partial y} - \frac{\partial^2 \psi}{\partial x \partial y} = 0 \tag{11.20}$$

$\psi =$ 一定 の流れ関数線上では

$$d\psi = \frac{\partial \psi}{\partial x} dx + \frac{\partial \psi}{\partial y} dy = -v dx + u dy = 0 \tag{11.21}$$

であり，流線の方程式が第 6 章の式 (6.2) より

$$\frac{dx}{u} = \frac{dy}{v}$$

であることから，$\psi =$ 一定 の等高線は流線と一致することになる．さらに，このことは式 (11.16) と比較すればわかるように，$\psi =$ 一定 を表す曲線と $\phi =$ 一定 を表す曲線とが，図 11.3 に示すようにつねに直交することを意味する．

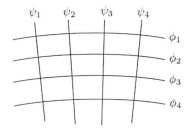

図 **11.3** 速度ポテンシャル ϕ と流線 ψ の関係

なお，円柱座標の場合，ψ と v_r および v_θ の関係は

$$v_r = \frac{1}{r}\frac{\partial \psi}{\partial \theta}, \quad v_\theta = -\frac{\partial \psi}{\partial r} \tag{11.22}$$

となる．

図 11.4 のように，x–y 平面上での流線 ψ と $\psi + d\psi$ の間の流れを考える．AB

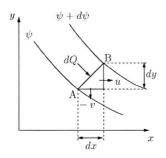

図 11.4 流線と流量の関係

を結ぶ線上を流入する流体の体積流量を dQ とすると

$$dQ = udy - vdx = \frac{\partial \psi}{\partial y}dy + \frac{\partial \psi}{\partial x}dx = d\psi \tag{11.23}$$

であり，Q は

$$Q = \int dQ = \int_{\psi_1}^{\psi_2} d\psi = \psi_2 - \psi_1 \tag{11.24}$$

となる．この式は，$\psi = \psi_1$ と $\psi = \psi_2$ の 2 本の流線の間を流れる流体の体積流量 Q は流れ関数 ψ の差で与えられることを意味する．

また，式 (11.5) および式 (11.19) より

$$u = \frac{\partial \phi}{\partial x} = \frac{\partial \psi}{\partial y}, \quad v = \frac{\partial \phi}{\partial y} = -\frac{\partial \psi}{\partial x} \tag{11.25}$$

となり，式 (11.17) および式 (11.22) より

$$v_r = \frac{\partial \phi}{\partial r} = \frac{1}{r}\frac{\partial \psi}{\partial \theta}, \quad v_\theta = \frac{1}{r}\frac{\partial \phi}{\partial \theta} = -\frac{\partial \psi}{\partial r} \tag{11.26}$$

が得られる．式 (11.25) および式 (11.26) は ϕ と ψ についてのコーシー・リーマン (Cauchy–Riemann) の微分方程式となる．

なお，非回転流れの条件 $\omega_z = 0$ を ψ を用いて表すと，式 (11.12) および式 (11.19) より

$$\omega_z = \frac{1}{2}\left(\frac{\partial v}{\partial x} - \frac{\partial u}{\partial y}\right) = -\frac{1}{2}\left(\frac{\partial^2 \psi}{\partial x^2} + \frac{\partial^2 \psi}{\partial y^2}\right) = 0 \tag{11.27}$$

となり，ポテンシャル流れにおいては流れ関数 ψ もラプラスの方程式を満足する．

11.2　複素ポテンシャル $W(z)$ の定義

いま，次の関係を持つ複素数 z の平面上の複素関数 $W(z)$ を考える．

$$W(z) = \phi(x,y) + i\psi(x,y) \tag{11.28}$$

ここで，z は

$$z = x + iy = r(\cos\theta + i\sin\theta) = re^{i\theta} \tag{11.29}$$

からなる複素数である．この $W(z)$ に対しては

$$\frac{\partial W}{\partial x} = \frac{dW}{dz}\frac{\partial z}{\partial x} = \frac{dW}{dz} \tag{11.30}$$

$$\frac{\partial W}{\partial y} = \frac{dW}{dz}\frac{\partial z}{\partial y} = i\frac{dW}{dz} \tag{11.31}$$

であるから

$$i\frac{\partial W}{\partial x} = \frac{\partial W}{\partial y} \tag{11.32}$$

となる．式 (11.28) より

$$\frac{\partial W}{\partial x} = \frac{\partial \phi}{\partial x} + i\frac{\partial \psi}{\partial x} \tag{11.33}$$

$$\frac{\partial W}{\partial y} = \frac{\partial \phi}{\partial y} + i\frac{\partial \psi}{\partial y} \tag{11.34}$$

であり，式 (11.33) と式 (11.34) を式 (11.32) に代入すると

$$-\frac{\partial \psi}{\partial x} + i\frac{\partial \phi}{\partial x} = \frac{\partial \phi}{\partial y} + i\frac{\partial \psi}{\partial y} \tag{11.35}$$

となる．この式 (11.35) の実数部と虚数部を等置すると

$$\frac{\partial \phi}{\partial x} = \frac{\partial \psi}{\partial y}, \quad \frac{\partial \phi}{\partial y} = -\frac{\partial \psi}{\partial x} \tag{11.36}$$

となり，この関係は，式 (11.25) のコーシー・リーマンの関係を満たす．つまり，式 (11.28) の ϕ と ψ は速度ポテンシャルと流れ関数に相当し，ϕ と ψ は複素関数 $W(z)$ の実数部と虚数部で与えられることになる．この $W(z)$ のことを複素ポテンシャルと呼ぶ．

式 (11.28) より次式が得られる．

$$dW = \frac{\partial W}{\partial x}dx + \frac{\partial W}{\partial y}dy = \left(\frac{\partial \phi}{\partial x} + i\frac{\partial \psi}{\partial x}\right)dx + \left(\frac{\partial \phi}{\partial y} + i\frac{\partial \psi}{\partial y}\right)dy$$

$$= (u - iv)dx + (v + iu)dy = (u - iv)(dx + idy) = (u - iv)dz \quad (11.37)$$

よって

$$\frac{dW}{dz} = u - iv \quad (11.38)$$

となる.この式は,複素ポテンシャル $W(z)$ を z について微分した値の実数部が x 方向の流速 u を虚数部に負号をつけた値が y 方向の流速を表すことを示している.一般に,$u + iv$ のことを複素速度,$u - iv$ のことを共役複素速度と呼ぶ.

11.3 簡単なポテンシャル流れに対する複素ポテンシャル

以下に,簡単なポテンシャル流れに対する複素ポテンシャルの導出例を示す.

11.3.1 平 行 流

図 11.5 に示す流速 U を持つ x 軸と平行な一様ポテンシャル流を考える.

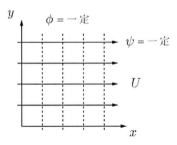

図 **11.5** x 軸に平行な流れ

式 (11.5) より

$$u = \frac{\partial \phi}{\partial x} = U, \quad v = \frac{\partial \phi}{\partial y} = 0 \quad (11.39)$$

であるから

$$\phi = Ux \quad (11.40)$$

となる.また,式 (11.19) より

$$u = \frac{\partial \psi}{\partial y} = U, \quad v = -\frac{\partial \psi}{\partial x} = 0 \tag{11.41}$$

であるから

$$\psi = Uy \tag{11.42}$$

となる．よって式 (11.40) および式 (11.42) より図 11.5 に示す x 軸に平行な一様ポテンシャル流れに対する複素ポテンシャル $W(z)$ は

$$W(z) = \phi + i\psi = U(x + iy) = Uz \tag{11.43}$$

で与えられる．また，共役複素速度は

$$\frac{dW(z)}{dz} = U \tag{11.44}$$

となる．なお，式 (11.38) により式 (11.43) と式 (11.44) を簡単に導出できることは言うまでもない．

図 11.6 に示す x 軸と角度 α をなす平行流の場合には，式 (11.5) より

$$u = \frac{\partial \phi}{\partial x} = U\cos\alpha, \quad v = \frac{\partial \phi}{\partial y} = U\sin\alpha \tag{11.45}$$

であるから，ϕ は

$$\phi = U(x\cos\alpha + y\sin\alpha) \tag{11.46}$$

となる．また，式 (11.19) より

$$u = \frac{\partial \psi}{\partial y} = U\cos\alpha, \quad v = -\frac{\partial \psi}{\partial x} = U\sin\alpha \tag{11.47}$$

であるから

$$\psi = U(y\cos\alpha - x\sin\alpha) \tag{11.48}$$

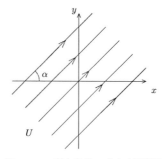

図 **11.6** x 軸と角度 α をなす平行流

となる．よって，式 (11.46) および式 (11.48) より複素ポテンシャル $W(z)$ は

$$W(z) = \phi + i\psi = U(x\cos\alpha + y\sin\alpha) + iU(y\cos\alpha - x\sin\alpha)$$
$$= U(\cos\alpha - i\sin\alpha)(x + iy) = Ue^{-i\alpha}z \tag{11.49}$$

で与えられる．なお，式 (11.38) から (11.49) を直接導くこともできる．

11.3.2 わき出しと吸い込みのある流れ

図 11.7 に示すように流体が点 O から単位時間に q の体積流量でわき出しているとする．

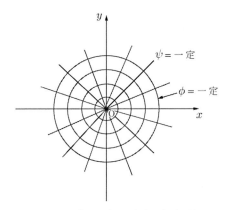

図 11.7 原点におけるわき出しと吸い込み

半径 r の円周上での半径方向流速を v_r とすると同一円上で流量 q が保存されるため q は単位厚さに対して，

$$q = 2\pi r v_r = \text{一定} \tag{11.50}$$

を満たす．円柱座標に対する式 (11.17) に式 (11.50) を代入すると

$$v_r = \frac{\partial \phi}{\partial r} = \frac{q}{2\pi r}, \quad v_\theta = \frac{1}{r}\frac{\partial \phi}{\partial \theta} = 0 \tag{11.51}$$

であるから

$$\phi = \frac{q}{2\pi}\ln r \tag{11.52}$$

となる．また，式 (11.22) より

であるから

$$v_r = \frac{1}{r}\frac{\partial \psi}{\partial \theta} = \frac{q}{2\pi r}, \quad v_\theta = -\frac{\partial \psi}{\partial r} = 0 \tag{11.53}$$

$$\psi = \frac{q}{2\pi}\theta \tag{11.54}$$

となる．したがって，複素ポテンシャル $W(z)$ は

$$W(z) = \phi + i\psi = \frac{q}{2\pi}(\ln r + i\theta) = \frac{q}{2\pi}\ln(re^{i\theta}) = \frac{q}{2\pi}\ln z \tag{11.55}$$

となり，式 (11.52) および式 (11.54) より ϕ と ψ の等高線は図 11.7 に示すものとなることがわかる．また，v_r は半径 r に逆比例する．

$q > 0$ のとき，流体は図 11.7 の原点 O から周囲へ放射状に流出する．これをわき出しと呼ぶ．また $q < 0$ のときは，流体は周囲から点 O に吸い込まれるので，これを吸い込みと呼び，$|q|$ のことをわき出し強さ，あるいは，吸い込み強さと呼ぶ．

11.3.3　循環とポテンシャル渦

図 11.8 に示す流体中の任意の閉曲線 S 上の微小要素 $d\boldsymbol{s}$ を考える．

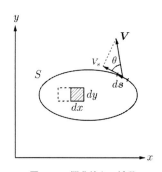

図 11.8　閉曲線上の循環

閉曲線 S 上の任意の点における流速 $\boldsymbol{V}(u, v)$ の接線方向成分を V_s とし，この V_s を閉曲線 S に沿って積分したものを循環と呼び，反時計方向を正とする．$\boldsymbol{V}$ と V_s のなす角を θ とすると，この循環 Γ は

$$\Gamma = \oint V_s ds = \oint |\boldsymbol{V}|\cos\theta\,|d\boldsymbol{s}| = \oint \boldsymbol{V} \cdot d\boldsymbol{s} = \oint (u\,dx + v\,dy) \tag{11.56}$$

で与えられる．

11.3 簡単なポテンシャル流れに対する複素ポテンシャル

次に図 11.8 中に示すように閉曲線内に斜線で囲んだ長方形の微小要素を考え、その要素面上の循環を考えると

$$d\Gamma = u dx + \left(v + \frac{\partial v}{\partial x}dx\right)dy - \left(u + \frac{\partial u}{\partial y}dy\right)dx - v dy$$
$$= \left(\frac{\partial v}{\partial x} - \frac{\partial u}{\partial y}\right)dxdy = \Omega_z dxdy = \Omega_z dA \tag{11.57}$$

となる．同様に点線で示す隣の長方形要素の循環を考えると，接する辺上の成分が打ち消し合うので，結局，式 (11.57) を閉曲線 S で囲まれた全領域に対して積分したとき残るものは閉曲線 S 上の値のみとなる．すなわち，

$$\Gamma = \oint V_s ds = \int_A \Omega_z dA \tag{11.58}$$

となる．これより，渦なし流れのポテンシャル流れではつねに $\Omega_z = 0$ であるから $\Gamma = 0$ となることがわかる．

次に図 11.9 に示す渦なしの回転流れ (自由渦，あるいは，ポテンシャル渦と呼ぶ) を考える．円柱座標系における渦度は座標変換 (演習問題 3.1 の解答参照) をすると

$$\Omega_z = \frac{\partial v}{\partial x} - \frac{\partial u}{\partial y} \equiv \frac{1}{r}\left[\frac{\partial}{\partial r}(rv_\theta) - \frac{\partial v_r}{\partial \theta}\right]$$

であるから

$$\Omega_z = 0, \quad \frac{\partial v_r}{\partial \theta} = 0 \tag{11.59}$$

の渦なし流れにおいては

$$v_\theta = \frac{C}{r} \tag{11.60}$$

となる．また，式 (11.22) より

$$\psi = -C \ln r \tag{11.61}$$

となり，$\psi = $ 一定 の流線上では $r = $ 一定 より図 11.9 に示す円状の回転流れとなることがわかる．

図 11.9 で半径 r の円周上での循環 Γ を考えると

$$\Gamma = \oint v_\theta ds = \int_0^{2\pi} v_\theta r d\theta = 2\pi r v_\theta \tag{11.62}$$

であり，式 (11.60) を式 (11.62) に代入すると

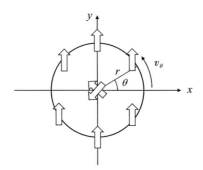

図 11.9 渦なし回転流

$$\Gamma = 2\pi C \neq 0 \tag{11.63}$$

となり，この関係は渦なし流れの定義 (式 (11.58) で $\Omega_z = 0$ より $\Gamma = 0$) に反する．これは，式 (11.60) で v_θ が $r = 0$ で ∞ となるにもかかわらず式 (11.60) で v_θ を定義したからであり，図 11.9 の流れは現実的には剛体の回転運動 ($\Omega_z \neq 0$) でない限り $r = 0$ 近傍では存在しないことを意味している．つまり，$r = 0$ で v_θ が有限値をとるなら $C = 0$ とならねばならず，このときは，どこにおいても $\Omega_z = 0$ となる流れが存在しなくなる．しかし，$r = 0$ 近傍での流れは特異点を持つ仮想的な流れ (つまり，原点では $\Omega_z \neq 0$ で，渦があたかも剛体の回転のように原点に集中した流れ) であるとして $r = 0$ 近傍の流れのことを無視すれば $C \neq 0$ を定義することができ，式 (11.17) より

$$v_\theta = \frac{1}{r}\frac{\partial \phi}{\partial \theta} = \frac{\Gamma}{2\pi r}, \quad v_r = \frac{\partial \phi}{\partial r} = 0 \tag{11.64}$$

となる．よって，

$$\phi = \frac{\Gamma}{2\pi}\theta \tag{11.65}$$

であり，式 (11.22) より

$$v_\theta = -\frac{\partial \psi}{\partial r} = \frac{\Gamma}{2\pi r}, \quad v_r = \frac{\partial \psi}{r\partial \theta} = 0 \tag{11.66}$$

となる．よって，

$$\psi = -\frac{\Gamma}{2\pi}\ln r \tag{11.67}$$

であるから，循環 Γ を持つ渦なしの回転流 (ポテンシャル渦) に対する複素ポテンシャル $W(z)$ は

$$W(z) = \phi + i\psi = \frac{\Gamma}{2\pi}(\theta - i\ln r) = -\frac{i\Gamma}{2\pi}(\ln r + i\theta) = -\frac{i\Gamma}{2\pi}\ln z \quad (11.68)$$

で与えられる．なお，式 (11.65) で与えられる等ポテンシャル線は原点 O を通る放射線状に，式 (11.67) により与えられる流線は O を中心とする同心円状になることを示している．このようなポテンシャル渦は，大きな円形の容器に水を貯めて底面中央に穴をあけて水を抜く場合に表面に浮かべた木の葉などが図 11.9 の矢印で示すようにそれ自体は回転することなく円運動するときなどに見られる．もちろん，水が吸い込まれる中心部では木の葉は剛体回転をしながら中心に集まる．

11.3.4 角を回る流れ

これまでの例とは逆に，複素ポテンシャル $W(z)$ が先に

$$W(z) = \alpha z^n \quad \text{ただし } \alpha > 0, \quad n > 0 \quad (11.69)$$

で与えられたとする．この式 (11.69) がどのような流れを示すのかについて考える．いま，円柱座標系で考え $z = re^{i\theta}$ を式 (11.69) に代入すると，

$$W(z) = \alpha(re^{i\theta})^n = \alpha r^n(\cos n\theta + i\sin n\theta) \quad (11.70)$$

となり，式 (11.28) より

$$\phi = \alpha r^n \cos n\theta, \quad \psi = \alpha r^n \sin n\theta \quad (11.71)$$

となる．式 (11.17) より

$$v_r = \frac{\partial \phi}{\partial r} = \alpha n r^{n-1}\cos n\theta \quad (11.72)$$

$$v_\theta = \frac{1}{r}\frac{\partial \phi}{\partial \theta} = \frac{1}{r}\alpha r^n(-n\sin n\theta) = -\alpha n r^{n-1}\sin n\theta \quad (11.73)$$

であるから，式 (11.22) より

$$v_r = \frac{1}{r}\frac{\partial \psi}{\partial \theta} = \frac{1}{r}\alpha r^n n\cos n\theta = \alpha n r^{n-1}\cos n\theta \quad (11.74)$$

$$v_\theta = -\frac{\partial \psi}{\partial r} = -\alpha n r^{n-1}\sin n\theta \quad (11.75)$$

となり，式 (11.72) および式 (11.73) はそれぞれ式 (11.74) および式 (11.75) と等しくなるので，式 (11.69) で与えられる $W(z)$ はポテンシャル流れを表している．

いま，$\psi = 0$ の流線を考えると，式 (11.71) より

$$\theta = 0, \quad \pm\frac{\pi}{n}, \quad \pm\frac{2\pi}{n}, \quad \pm\frac{3\pi}{n}, \quad \cdots\cdots, \quad \pm\frac{k\pi}{n} \tag{11.76}$$

となり，$\psi = 0$ の流線は r に無関係な $\theta = $ 一定 の原点を通る放射線群となることがわかる．

⟨$k = 1$ かつ $n = 1$ の場合⟩

式 (11.71) より

$$\psi = \alpha r \sin\theta \tag{11.77}$$

であり，$\psi = 0$ の流線は，$\theta = 0$ の直線となる．

共役複素速度を求めると，式 (11.38) より

$$\frac{dW(z)}{dz} = u - iv = n\alpha z^{n-1}\big|_{n=1} = \alpha \tag{11.78}$$

であるから

$$u = \alpha, \quad v = 0 \tag{11.79}$$

となり，$n = 1$ の場合の式 (11.69) の $W(z)$ は平板上の一様流れを表すことになる (図 11.10).

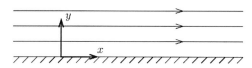

図 **11.10** 式 (11.69) および式 (11.76) で $n = 1$，$k = 1$ の場合の流れ

⟨$k = 1$ かつ $n = 2$ の場合⟩

式 (11.71) より

$$\psi = \alpha r^2 \sin 2\theta \tag{11.80}$$

であり，$\psi = 0$ の流線は $\theta = 0$，$\theta = \pm\pi/2$ の直線となる．共役複素速度は

$$\begin{aligned}\frac{dW(z)}{dz} &= u - iv = n\alpha z^{n-1}\big|_{n=2} = n\alpha r^{n-1}\left[\cos(n-1)\theta + i\sin(n-1)\theta\right]\big|_{n=2} \\ &= 2\alpha r \left(\cos\theta + i\sin\theta\right)\end{aligned} \tag{11.81}$$

であるから

$$u = 2\alpha r\cos\theta, \quad v = -2\alpha r\sin\theta \tag{11.82}$$

となる.

いま，$0 < \theta < \pi/2$ の第一象限の領域での流れだけを考えると，つねに $u > 0$, $v < 0$ であり，式 (11.80) と考え合わせると，流れは図 11.11 のように $\theta = 0$ と $\theta = \pi/2$ の直角をなす壁の間の矢印で示す方向の流れとなる.

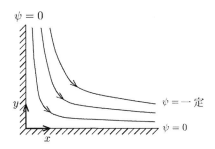

図 11.11　式 (11.69) および式 (11.76) で $k = 1$, $n = 2$ の場合の流れ

〈$k = 1$ かつ $n \neq 1, 2$ の場合〉

図 11.12 において，角を回る流れの場合，現実の流れでは角を過ぎたところで流体が減速されるため圧力が上がり流れの剥離が生じるが，完全流体の場合には，$\mu = 0$ なので剥離は生じず上下流対称の非現実的な流れになることは言うまでもない.

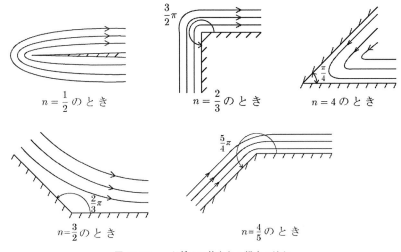

図 11.12　n が種々の値をとる場合の流れ

11.4 重ね合わせによるポテンシャル流れの表現

二つの複素ポテンシャルを $W_1(z)$ および $W_2(z)$ とする．$W_1(z)$ と $W_2(z)$ が z で微分可能な正則関数であるとすると，それらの和である

$$W(z) = W_1(z) + W_2(z) \tag{11.83}$$

も正則関数となる．この複素ポテンシャルの重ね合わせにより，$W_1(z)$ および $W_2(z)$ で与えられる流れを用いて，別の流れを合成することができる．

11.4.1 わき出しと吸い込みが共存する場合の流れ

図 11.13 の複素平面上の A 点に強さ q のわき出しが，B 点に強さ q の吸い込みが存在する場合を考える．

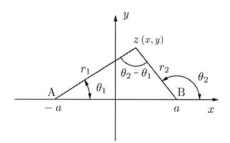

図 11.13 わき出しと吸い込み

A 点でのわき出し流れを表す複素ポテンシャル $W_1(z)$ は式 (11.55) において $z = -a$ を原点とした場合に対応するから

$$W_1(z) = \frac{q}{2\pi} \ln(z+a) \tag{11.84}$$

となる．同様に B 点での吸い込み流れを表す複素ポテンシャル $W_2(z)$ は

$$W_2(z) = -\frac{q}{2\pi} \ln(z-a) \tag{11.85}$$

となる．この二つの流れを重ね合わせた流れに対する複素ポテンシャルは

$$W(z) = W_1(z) + W_2(z) = \frac{q}{2\pi}[\ln(z+a) - \ln(z-a)] = \frac{q}{2\pi} \ln \frac{z+a}{z-a} \tag{11.86}$$

となる．

図 11.13 のように，A, B 点が x 軸上にある場合，

$$z + a = r_1 e^{i\theta_1} \tag{11.87}$$

$$z - a = r_2 e^{i\theta_2} \tag{11.88}$$

であるから，式 (11.86) に代入すると

$$W(z) = \frac{q}{2\pi} \left[\ln \frac{r_1}{r_2} + i(\theta_1 - \theta_2) \right] \tag{11.89}$$

となる．$W(z)$ の実数部と虚数部から ϕ と ψ は

$$\phi = \frac{q}{2\pi} \ln \frac{r_1}{r_2} \tag{11.90}$$

$$\psi = \frac{q}{2\pi} (\theta_1 - \theta_2) \tag{11.91}$$

となる．

$\phi = $ 一定 の等ポテンシャル線と $\psi = $ 一定 の等流線を図 11.14 に示す．

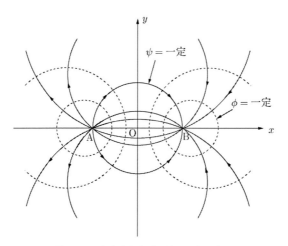

図 **11.14** わき出しと吸い込みのある流れ

$\phi = $ 一定 の線は x 軸上に中心を持つ A，B に関するアポロニウスの円群であり，2 点 A，B からの距離の比が一定となる円群を示す．また，$\psi = $ 一定の線は，AB に対して $\theta_1 - \theta_2$ の定角を頂点とする円群となる．

a がゼロに近づくと式 (11.86) より

$$W(z) = \lim_{a\to 0} \frac{q}{2\pi} \ln \frac{1+\dfrac{a}{z}}{1-\dfrac{a}{z}} = \lim_{a\to 0} \frac{q}{\pi}\left[\frac{a}{z} + \frac{1}{3}\left(\frac{a}{z}\right)^3 + \frac{1}{5}\left(\frac{a}{z}\right)^5 + \cdots\right] = \frac{q}{\pi}\frac{a}{z} = \frac{m}{z} \tag{11.92}$$

となる．この式 (11.92) で表される複素ポテンシャルを持つ流れを二重わき出しと呼び，m が二重わき出しの強さを示す．つまり，この流れは同じ強さ q を持つわき出しと吸い込みとがその強さを増しながら無限に接近した場合の極限を与える．式 (11.92) より

$$W(z) = \frac{m}{z} = \frac{m}{x+iy} = m\frac{x-iy}{x^2+y^2} \tag{11.93}$$

であるから

$$\phi = \frac{mx}{x^2+y^2}, \quad \psi = -\frac{my}{x^2+y^2} \tag{11.94}$$

となる．図 11.15 に示すように $\phi=$ 一定 の関係は x 軸上に中心を持つ y 軸上に接する円群を，$\psi=$ 一定 の関係は y 軸に中心を持つ x 軸に接する円群を表す．

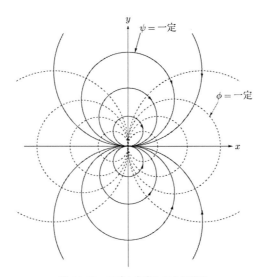

図 11.15　二重わき出しのある流れ

11.4.2　半卵形物体周りの流れ

流速 U を持つ一様流中の原点にわき出しがある場合を考える．式 (11.43) で与えられる一様流に対する $W(z)$ と式 (11.55) で与えられるわき出しに対する $W(z)$

を重ね合わせた複素ポテンシャル $W(z)$ は

$$W(z) = Uz + \frac{q}{2\pi}\ln z \tag{11.95}$$

となる．この $W(z)$ の共役複素速度は

$$\frac{dW(z)}{dz} = u - iv = U + \frac{q}{2\pi}\frac{1}{z} = U + \frac{q}{2\pi}\frac{x}{x^2+y^2} - i\frac{q}{2\pi}\frac{y}{x^2+y^2} \tag{11.96}$$

であり，一様流とわき出し流れがぶつかって淀む点では

$$u = U + \frac{q}{2\pi}\frac{x}{x^2+y^2} = 0 \tag{11.97}$$

$$v = \frac{q}{2\pi}\frac{y}{x^2+y^2} = 0 \tag{11.98}$$

であるから，この淀み点の位置は

$$x = -\frac{q}{2\pi U}, \quad y = 0 \tag{11.99}$$

となる．また，式 (11.95) より，

$$\begin{aligned}W(z) &= Uz + \frac{q}{2\pi}\ln z = Ure^{i\theta} + \frac{q}{2\pi}\ln re^{i\theta} \\ &= Ur\cos\theta + \frac{q}{2\pi}\ln r + i\left(Ur\sin\theta + \frac{q}{2\pi}\theta\right)\end{aligned} \tag{11.100}$$

であるから，虚数部の流れ関数 ψ は

$$\psi = Ur\sin\theta + \frac{q}{2\pi}\theta = Uy + \frac{q}{2\pi}\tan^{-1}\frac{y}{x} \tag{11.101}$$

となる．$\psi = 0$ の流線は，

$$y = -x\tan\left(\frac{2\pi Uy}{q}\right) \tag{11.102}$$

で与えられる．この流線は，$y \to 0$ のとき $x \to -\frac{q}{2\pi U}$ となるので式 (11.99) で示す淀み点を通る分岐流線となることがわかる．ψ の値を変化させて流線を図示すると，図 11.16 になる．よって，$\psi = 0$ の分岐流線の外側を通る流れは $\psi = 0$ の線を横切ることはないから，つまり流線を横切っての流体の出入りはないから，ちょうど $\psi = 0$ の流線は半卵形物体表面に相当し，その外側の流れは一様流中に置かれた半卵形物体周りのポテンシャル流れを表すことになる．

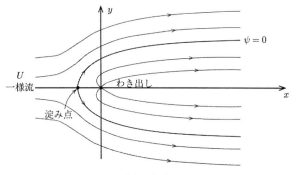

図 11.16 半卵形物体周りの流れ

11.4.3 平面壁近傍に存在するポテンシャル渦

図 11.17 に示すように平面壁から h だけ離れた点に循環 $\varGamma$ を持つポテンシャル渦が存在する場合を考える.

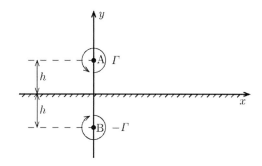

図 11.17 平面壁近傍に存在する循環 $\varGamma$ を持つポテンシャル渦

x 軸を壁面とする場合には，x 軸を横切っての流体の出入りがない．つまり，x 軸が $\psi =$ 一定 の流線でなければならない．したがって，x 軸上での y 方向の流速 v は 0 でなくてはならない．このためには，図 11.17 で x 軸を鏡と考えた場合の A 点での渦の鏡像を考えればよい．つまり，A 点と x 軸に対して対称な位置にある B 点で循環 $-\varGamma$ を持つポテンシャル渦を重ね合わせればよいことになる．よって，この方法を鏡像の方法と呼ぶ．

原点に存在する反時計回りの循環 $\varGamma$ を持つポテンシャル渦の $W(z)$ は式 (11.68) で与えられるから，図 11.17 の A 点での渦に対する $W(z)$ は

$$W(z) = -\frac{i\Gamma}{2\pi}\ln(z-ih) \tag{11.103}$$

であり，B 点での時計回りの循環 $-\Gamma$ (反時計回りを正にする) を持つ渦に対する $W(z)$ は

$$W(z) = \frac{i\Gamma}{2\pi}\ln(z+ih) \tag{11.104}$$

であるから，二つの渦を重ね合わせると

$$W(z) = -\frac{i\Gamma}{2\pi}\ln(z-ih) + \frac{i\Gamma}{2\pi}\ln(z+ih) = -\frac{i\Gamma}{2\pi}\ln\frac{z-ih}{z+ih} \tag{11.105}$$

となる．もちろん，共役複素速度 $\frac{dW(z)}{dz} = u - iv$ に式 (11.105) を代入し，u, v を求め，$y = 0$ とすると $v = 0$ となる (x 軸を横切っての流れがない) ことは言うまでもない．

11.4.4 ランキンの卵形物体周りの流れ

一様流中に置かれた $z = -a$ の位置にわき出しがある場合に加えて，このわき出しと対称の位置 $z = a$ に同じ強さ q を持つ吸い込みがある場合を考える．そのときの複素ポテンシャル $W(z)$ は重ね合わせにより式 (11.95) から

$$W(z) = Uz + \frac{q}{2\pi}\ln(z+a) - \frac{q}{2\pi}\ln(z-a) = Uz + \frac{q}{2\pi}\ln\frac{z+a}{z-a} \tag{11.106}$$

となる．この $W(z)$ により，図 11.18 のようにランキンの卵形と呼ぶ物体周りの流れを表すことができる．一様流が x 軸から角度 α だけ傾いた方向に流れ，わき出しと吸い込みがその傾斜軸上の $z = -ae^{i\alpha}$ および $ae^{i\alpha}$ にあるときは，$W(z)$ は

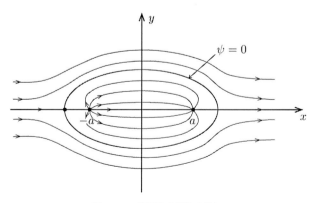

図 **11.18** 卵形物体周りの流れ

$$W(z) = Uze^{-i\alpha} + \frac{q}{2\pi} \ln \frac{z + ae^{i\alpha}}{z - ae^{i\alpha}} \tag{11.107}$$

となる．

11.4.5　円柱周りの流れ

　流速 U で流れる一様平行流の中に二重わき出しが置かれたときの流れの複素ポテンシャル $W(z)$ は，式 (11.43) と式 (11.92) の重ね合わせにより

$$W(z) = Uz + \frac{m}{z} = U\left(z + \frac{m}{U}\frac{1}{z}\right) \tag{11.108}$$

で与えられる．よって，$m = a^2 U$ とすると

$$W(z) = U\left(z + \frac{a^2}{z}\right) \tag{11.109}$$

となる．この式 (11.109) を実数部と虚数部に分けると

$$W(z) = U\left(re^{i\theta} + \frac{a^2}{re^{i\theta}}\right) = U\cos\theta\left(r + \frac{a^2}{r}\right) + iU\sin\theta\left(r - \frac{a^2}{r}\right) \tag{11.110}$$

となり

$$\phi = U\cos\theta\left(r + \frac{a^2}{r}\right) \tag{11.111}$$

$$\psi = U\sin\theta\left(r - \frac{a^2}{r}\right) \tag{11.112}$$

を得る．

　いま，$\psi = 0$ のとき，式 (11.112) より

$$r = a \quad \text{または，} \quad \theta = 0\ ,\ \pi \tag{11.113}$$

となるから半径 $r = a$ の円が $\psi = 0$ の流線を示す．$\psi = $ 一定 の流線を横切る流れはないので，$\psi = 0$ の流線を円柱に置き換えることができる．つまり，式 (11.109) の $W(z)$ は図 11.19 に示すように円柱周りの流れの速度ポテンシャルを表すことになる．非現実的な $\mu = 0$ のポテンシャル流れを考えているので円柱表面での流速が存在し，式 (11.111) より

$$v_\theta = \left.\frac{1}{r}\frac{\partial \phi}{\partial \theta}\right|_{r=a} = \left.U\left(1 + \frac{a^2}{r^2}\right)(-\sin\theta)\right|_{r=a} = -2U\sin\theta \tag{11.114}$$

となる．角度 θ と v_θ の向きを時計回りにとれば

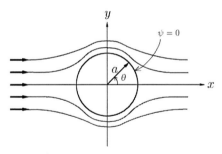

図 **11.19** 円柱周りの流れ

$$v_\theta = 2U\sin\theta \tag{11.115}$$

となる．淀み点は $v_\theta = 0$ となる点であるから，$\theta = 0$ と $\theta = \pi$ の円柱の後面と前面の点である．円柱表面の圧力は円柱表面上を通る流線上に対してベルヌーイの式を適用することにより，一様流中での圧力を p_s として

$$\frac{p}{\rho} + \frac{v_\theta^2}{2} = \frac{p_s}{\rho} + \frac{U^2}{2} \tag{11.116}$$

$$p - p_s = \frac{1}{2}\rho(U^2 - v_\theta^2) = \frac{1}{2}\rho U^2(1 - 4\sin^2\theta) \tag{11.117}$$

で与えられる．この式は圧力分布が $0 < \theta < \pi/2$ の下流側と $\pi/2 < \theta < \pi$ の上流側で全く同じ値をとること，つまり，y 軸に対して左右対称になることを示している．このことは，完全流体の場合，圧力による力が全く円柱に働かないことを，また，$\mu = 0$ であるから粘性力による抗力も働かないから，ポテンシャル流れの中に置いた円柱には流体が全く力を及ぼさないことを示している．たとえば，水の流れの中にジュース缶のような円柱を置いた場合，円柱には全く力が働かず流速が増加しても押し流されずに静止しているという非現実的な流れを示すことになる．実際の円柱周りの流れの場合には，10.4 節で示したように，流速が速くなるほど圧力が上昇し円柱後面に流れの剥離が生じ，前後の圧力分布は非対称で圧力差が大きくなることは言うまでもない．

現実的な粘性流とは違うもののポテンシャル流れに対しては，図 11.20 のように円柱周りに時計回りの循環 $-\Gamma$ ($\Gamma > 0$ とすると時計回りの循環は $-\Gamma$ となる) が存在する場合には，式 (11.68) と式 (11.109) より複素ポテンシャルは重ね合わせにより，

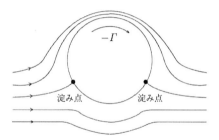

図 11.20 循環 $-\Gamma$ を持つ円柱周りの流れ

$$W(z) = U\left(z + \frac{a^2}{z}\right) + \frac{i\Gamma}{2\pi}\ln z \qquad (11.118)$$

となる．この複素ポテンシャルの実数部から ϕ を求め，この ϕ から円柱表面の周速度 v_θ は

$$v_\theta = -2U\sin\theta - \frac{\Gamma}{2\pi a} \qquad (11.119)$$

となる．$v_\theta = 0$ となる点が淀み点を表すから，淀み点は

$$\theta = -\sin^{-1}\frac{\Gamma}{4\pi aU}, \quad \pi + \sin^{-1}\frac{\Gamma}{4\pi aU} \qquad (11.120)$$

で与えられる．

11.5 等角写像によるポテンシャル流れの表現

z 平面を別の平面に写像することにより少し複雑な流れを扱うことができる．いま，$z = x + iy$ と $\zeta = \xi + i\eta$ なる二つの複素数間に

$$\zeta = f(z) \qquad (11.121)$$

の関係があり，ζ が z で微分可能な z の正則関数であるとする．$z(x, y)$ 平面上の点 z_0 が図 11.21 に示すように式 (11.121) により $\zeta(\xi, \eta)$ 平面上の点 ζ_0 に変換されたとする．z_0 から微小距離だけ離れた点 z_1 および z_2 を変換した点を ζ_1 および ζ_2 とすると図 11.21 より

$$z_1 - z_0 = r_1 e^{i\theta_1} \qquad (11.122)$$

$$z_2 - z_0 = r_2 e^{i\theta_2} \qquad (11.123)$$

$$\zeta_1 - \zeta_0 = R_1 e^{i\beta_1} \qquad (11.124)$$

11.5 等角写像によるポテンシャル流れの表現

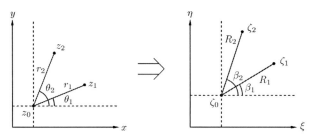

図 **11.21** z 平面から ζ 平面への等角写像

$$\zeta_2 - \zeta_0 = R_2 e^{i\beta_2} \tag{11.125}$$

となる．これらの式と式 (11.121) から

$$\lim_{z_1 \to z_o} \frac{\zeta_1 - \zeta_o}{z_1 - z_0} = \left.\frac{d\zeta}{dz}\right|_{z=z_0} = \lim_{z_2 \to z_o} \frac{\zeta_2 - \zeta_o}{z_2 - z_0} \tag{11.126}$$

であるから

$$\frac{R_1 e^{i\beta_1}}{r_1 e^{i\theta_1}} = \frac{R_2 e^{i\beta_2}}{r_2 e^{i\theta_2}} \tag{11.127}$$

となり，この式を満たすためには

$$\frac{r_2}{r_1} = \frac{R_2}{R_1} \tag{11.128}$$

$$\theta_2 - \theta_1 = \beta_2 - \beta_1 \tag{11.129}$$

とならなければならない．この結果は，図 11.21 に示す z 平面上での微小三角形，z_0, z_1, z_2 と ζ 平面上での三角形 $\zeta_0, \zeta_1, \zeta_2$ が相似形を持つこと，つまり，等角で写像されることを示す．したがって，この写像を等角写像と呼ぶ．もちろん，図 11.21 で逆の写像，つまり ζ 平面から z 平面への写像も可能であり，このときは式 (11.121) は，

$$z = f(\zeta) \tag{11.121'}$$

となる．

いま，式 (11.121) の写像関数 $f(z)$ を

$$\zeta = f(z) = z + \frac{a^2}{z} \quad (a > 0) \tag{11.130}$$

とする．この関数を用いて z 平面上の半径 a の円 $z = ae^{i\theta}$ を ζ 平面上に変換すると

$$\zeta = a(e^{i\theta} + e^{-i\theta}) = 2a\cos\theta \tag{11.131}$$

となる．この式は ζ 平面上では θ が 0 から 2π まで変化するとき，ζ が $-2a$ から $2a$ の範囲で変化する ξ 軸上の直線に変換されることを示す．式 (11.130) の写像関数は，ジューコフスキー変換 (Joukowski transformation) と呼ばれる．

11.5.1　x 軸に平行な一様流中での円柱周りの流れの等角写像

流速 U を持つ x 軸に平行な流れの中に円柱を置いたときの流れの複素ポテンシャルは，式 (11.109) より

$$W(z) = U\left(z + \frac{a^2}{z}\right) \tag{11.132}$$

であるから，式 (11.130) で与えられるジューコフスキー変換を用いて ζ 平面へ写像すると

$$W(\zeta) = U\zeta \tag{11.133}$$

となる．この式は，x 軸に平行な一様流中の円柱周りの流れが ζ 平面上では ξ 軸に平行な流れに写像されることを示している．また，式 (11.131) からも明らかなように，式 (11.130) に $z = \pm a$ を代入すると $\zeta = \pm 2a$ となるので図 11.22 のように z 平面上で半径 a の円が ζ 平面上では長さ $4a$ の平板に写像されることがわかる．

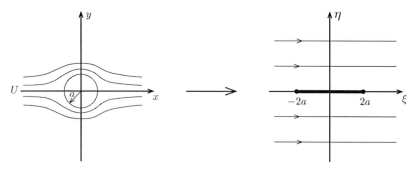

図 **11.22**　円柱周りの流れの写像

11.5.2　角を回る流れの等角写像

式 (11.69) で与えられた角を回る流れの複素ポテンシャルは

11.5 等角写像によるポテンシャル流れの表現

$$W(z) = \alpha z^n \quad (\alpha > 0,\ n > 0)$$

であるから

$$\zeta = z^n \tag{11.134}$$

により，ζ 平面へ写像すると

$$W(\zeta) = \alpha \zeta \tag{11.135}$$

となり，z 平面で角を回る流れは ζ 平面では ξ 軸に平行な一様流となる．

11.5.3　x 軸から角度 α 傾いた一様流中での円柱周りの流れの等角写像

図 11.23 に示す x 軸から反時計方向に角度 α だけ傾いた一様流中での円柱周りの流れについて考える．この流れは，x 軸に平行な一様流中の流れを反時計方向に角度 α だけ回転させたものであるから，式 (11.132) の z を

$$ze^{-i\alpha}$$

で置き換えることにより，$W(z)$ は

$$W(z) = U\left(ze^{-i\alpha} + \frac{a^2}{ze^{-i\alpha}}\right) \tag{11.136}$$

で与えられる．この式にジューコフスキー変換式 (11.130) を適用すると

$$W(\zeta) = Ue^{-i\alpha}\left(\frac{\zeta + \sqrt{\zeta^2 - 4a^2}}{2} + \frac{2a^2}{\zeta + \sqrt{\zeta^2 - 4a^2}}e^{2i\alpha}\right) \tag{11.137}$$

となる．式 (11.130) で $z = \pm a$ は $\zeta = \pm 2a$ に対応するので 11.5.1 項の場合と同

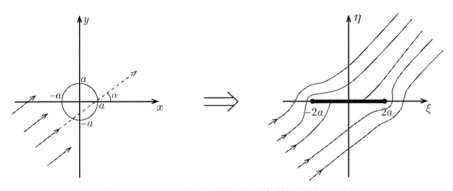

図 **11.23**　角度 α 傾いた一様流中の円柱周りの流れの写像

様に，円柱表面は ζ 平面の ξ 軸上の $-2a \leq \xi \leq 2a$ の長さ $4a$ の平板に写像される．したがって，式 (11.137) は ζ 平面上で図 11.23 のように ξ 軸から反時計方向に α 傾いた一様流中に置かれた長さ $4a$ の平板周りの流れを表すことになる．

11.5.4 楕円形物体周りの流れの等角写像

図 11.24 に示す x 軸から α だけ傾いた一様流中に置かれた長半径 A，短半径 B を持つ楕円形物体周りの流れを考える．

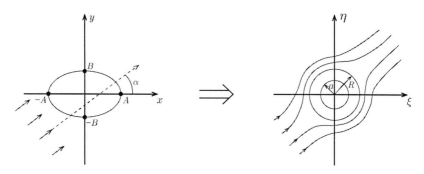

図 11.24　α 傾いた一様流中の楕円形物体周りの流れ

ζ 平面上で原点に中心を持つ半径 R の円は，

$$\zeta = Re^{i\theta} \tag{11.138}$$

となる．この ζ 平面での円をジューコフスキー変換して z 平面に写すと，式 (11.130) より

$$\begin{aligned} z &= \zeta + \frac{a^2}{\zeta} = Re^{i\theta} + \frac{a^2}{Re^{i\theta}} \\ &= \left(R + \frac{a^2}{R}\right)\cos\theta + i\left(R - \frac{a^2}{R}\right)\sin\theta \end{aligned} \tag{11.139}$$

となる．また，$z = x + iy$ より，

$$x = \left(R + \frac{a^2}{R}\right)\cos\theta, \quad y = \left(R - \frac{a^2}{R}\right)\sin\theta \tag{11.140}$$

である．よって，式 (11.140) より $\sin\theta$，$\cos\theta$ を消去すると，

$$\frac{x^2}{\left(R + \frac{a^2}{R}\right)^2} + \frac{y^2}{\left(R - \frac{a^2}{R}\right)^2} = 1 \tag{11.141}$$

となる．$a = R$ のときは

$$x = 2R\cos\theta, \quad y = 0 \tag{11.142}$$

であり，この関係は，11.5.1 項で示した円が平板に写像されることを示す．しかし，$a \neq R$ のときは式 (11.141) は，長半径 A と短半径 B が

$$A = R + \frac{a^2}{R}, \quad B = R - \frac{a^2}{R} \tag{11.143}$$

で与えられる楕円形を表す．また，式 (11.143) より

$$R = \frac{A+B}{2}, \quad a = \frac{\sqrt{A^2 - B^2}}{2} \tag{11.144}$$

となる．もちろん，ここで $R > a$ となる．

よって，$a \neq R$ となる半径 R を持つ ζ 平面上での円柱周りの流れをジューコフスキー変換を用いて z 平面に写像すれば，長径 A，短径 B を持つ楕円形物体周りの流れを表すことができる．

そのときの z 平面上の複素ポテンシャル $W(z)$ は，ξ 軸から α だけ反時計方向に傾いた一様中の円柱周りの流れの複素ポテンシャル $W(\zeta)$ が式 (11.136) より

$$W(\zeta) = U\left(\zeta e^{-i\alpha} + \frac{R^2}{\zeta e^{-i\alpha}}\right) \tag{11.145}$$

で与えられるので，この式の ζ に

$$\zeta = \frac{z + \sqrt{z^2 - 4a^2}}{2} \tag{11.146}$$

を代入したものになる．

11.6　ポテンシャル解析による揚力の計算

$\mu = 0$ のポテンシャル流れを仮定した流れの解析においては，つねに，抗力はゼロとなるため，抗力を評価することはできないことを示した．しかし，ポテンシャル解析は循環に伴う物体に働く揚力を評価するのには便利な方法であり，その揚力を評価する方法について本節で説明する．

11.6.1　ブラジウスの定理

図 11.25 のように，ポテンシャル流れの中に柱状物体 P が置かれているとする．

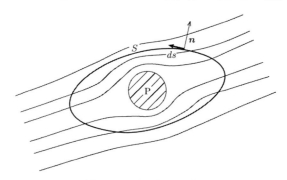

図 11.25 ブラジウスの定理

このとき，P を取り囲む任意の閉曲線 S (ここでは，紙面に垂直な方向に単位幅の厚みを持つ物体として，二次元流れを考えているので閉曲線と呼ぶ) を考える．この閉曲線 S に沿った反時計方向の線要素 ds を考える．閉曲線 S 内の物体 P に働く力は，閉曲線 S に作用する応力 (重力の働かないポテンシャル流れの場合，重力や粘性応力はないから，圧力のみになる) と，単位時間に閉曲線 S 内に流入する運動量の和，つまり，運動量収支をとることにより与えられる．

いま，閉曲線 S 上の微小要素 ds 上に外向きの単位法線ベクトル $\boldsymbol{n}$ を考えれば，ds を通して単位時間に流入する単位幅あたりの運動量 $\boldsymbol{F}$ は，$\boldsymbol{n}$ が外向きの流出の方向を指しているので負号をつけると

$$\boldsymbol{F}ds = -(p\boldsymbol{n} + \rho \boldsymbol{v} v_n)ds \tag{11.147}$$

ここで，$v_n = \boldsymbol{v} \cdot \boldsymbol{n}$：流速の法線方向成分

$\rho v_n ds$：ds を通って流入する流量

となる．さらに，微小要素の x および y 方向成分を考えると

$$\boldsymbol{n}ds = (dy, -dx), \quad v_n ds = udy - vdx = d\psi, \quad \boldsymbol{v} = (u, v) \tag{11.148}$$

であるから，式 (11.147) の運動量 $\boldsymbol{F}$ を x および y 方向成分 F_x と F_y とに分けると

$$F_x ds = -p\,dy - \rho u d\psi, \quad F_y ds = p\,dx - \rho v d\psi \tag{11.149}$$

となる．F_x と F_y から作られる複素数 $F_x - iF_y$ は

$$(F_x - iF_y)ds = -ip(dx - idy) - \rho(u - iv)d\psi \tag{11.150}$$

となる．複素ポテンシャルを $W(z)$ として

$$d\bar{z} = dx - idy, \quad \frac{dW(z)}{dz} = u - iv$$

であるから

$$d\psi = I_m(dW) = I_m\left(\frac{dW}{dz}\cdot dz\right) = \frac{1}{2i}\left(\frac{dW}{dz}dz - \frac{d\overline{W}}{d\bar{z}}d\bar{z}\right) \quad (11.151)$$

の関係が成立する．また，ベルヌーイの式より，外力がないとすれば，圧力 p は

$$p + \frac{1}{2}\rho\left(u^2 + v^2\right) = p + \frac{1}{2}\rho\frac{dW}{dz}\frac{d\overline{W}}{d\bar{z}} = p_s \quad (11.152)$$

で与えられる．よって，式 (11.151) および式 (11.152) を式 (11.150) に代入すると

$$(F_x - iF_y)\,ds = -ip_s d\bar{z} + \frac{i}{2}\rho\left(\frac{dW(z)}{dz}\right)^2 dz \quad (11.153)$$

となる．運動量収支から閉曲線 S 内への流入運動量が物体 P に働く力となるから，その力の x および y 方向成分を X および Y とすれば

$$X = \oint_s F_x ds, \quad Y = \oint_s F_y ds \quad (11.154)$$

となるので，式 (11.153) を閉曲線 S に沿って積分すると，$p_s =$ 一定 のとき，式 (11.153) において $\oint_s p_s d\bar{z} = 0$ であるから

$$X - iY = \frac{i\rho}{2}\oint_s \left(\frac{dW(z)}{dz}\right)^2 dz \quad (11.155)$$

となる．これをブラジウスの第 1 公式，または，第 1 定理と呼ぶ．

物体に働く力のモーメントに対しても，同様にして複素関数の積分形として表すことができる．閉曲線 S 上の要素 ds を通して流入する単位時間あたりの角運動量を考えることにより，モーメント M が

$$M = -\frac{\rho}{2}Re\oint_s z\left(\frac{dW(z)}{dz}\right)^2 dz \quad (11.156)$$

で与えられる．これをブラジウスの第 2 公式，または，第 2 定理と呼ぶ．

以上に示したブラジウスの公式は，ポテンシャル流れの中に置かれた任意の形をした物体に対して複素ポテンシャル $W(z)$ さえわかれば，物体に働く力とモーメントが式 (11.155) および式 (11.156) により求められることを示している．

11.6.2 ブラジウスの定理を用いた物体に働く力の計算

複素ポテンシャル $W(z)$ を z で微分した $\frac{dW(z)}{dz}$ をローラン展開すると

$$\frac{dW(z)}{dz} = u - iv = a_0 + \frac{a_1}{z} + \frac{a_2}{z^2} + \frac{a_3}{z^3} + \cdots \tag{11.157}$$

となる．複素平面の原点を物体の近くにとると，物体から離れた $z \to \infty$ の位置では，$a_1 = a_2 = a_3 = \cdots = 0$ であり，a_0 は物体の影響を受けない位置での流れの流速を表す．

いま，$z \to \infty$ で x 軸に平行な一様流 U を考えると，式 (11.157) での $a_0 = U$ より式 (11.157) を積分すると

$$W(z) = Uz + a_1 \ln z - \frac{a_2}{z} - \frac{a_3}{2z^2} - \cdots \tag{11.158}$$

となる．これより

$$\left(\frac{dW(z)}{dz}\right)^2 = U^2 + 2U\frac{a_1}{z} + (a_1^2 + 2Ua_2)\frac{1}{z^2} + \cdots \tag{11.159}$$

となる．これを，ブラジウスの第1公式 (11.155) に代入して閉曲線 S 上で積分する場合，複素関数論に出てくるコーシーの積分定理

$$\oint_s z^n dz = \begin{cases} 0 & (n \neq -1) \\ 2\pi i & (n = -1) \end{cases} \tag{11.160}$$

を適用すると，式 (11.159) の積分については右辺の第2項のみを考えればよいことになる．よって，

$$X - iY = \frac{i\rho}{2}\oint_s \left(\frac{dW(z)}{dz}\right)^2 dz = \frac{i\rho}{2}\oint_s 2U\frac{a_1}{z}dz = \frac{i\rho}{2}2Ua_1 \cdot 2\pi i = -2\pi\rho Ua_1 \tag{11.161}$$

となる．一方，任意の閉曲線 S 上で二次元定常流を表す複素ポテンシャル $W(z)$ を反時計回りに一周積分した値 $[W(z)]_s$ は，式 (11.21) および式 (11.56) より

$$\begin{aligned}[W(z)]_s &= \oint_s \frac{dW(z)}{dz}dz = \oint_s (u - iv)(dx + idy) \\ &= \oint_s (udx + vdy) + i\oint_s (-vdx + udy) \\ &= \oint_s d\Gamma + i\oint_s d\psi = [\Gamma]_s + i[\psi]_s = \Gamma + iq \end{aligned} \tag{11.162}$$

となる．つまり，$W(z)$ を閉曲線 S 上で反時計回りに一周積分したものは，循環

Γ とわき出し強さ q を用いて表される．また，式 (11.157) および式 (11.160) より

$$[W(z)]_s = \oint \frac{dW(z)}{dz} dz = \oint \left(a_0 + \frac{a_1}{z} + \frac{a_2}{z^2} + \cdots \right) dz = 2\pi i a_1 \quad (11.163)$$

となる．よって

$$a_1 = \frac{q}{2\pi} - \frac{i\Gamma}{2\pi} \quad (11.164)$$

となる．なお，式 (11.158) の複素ポテンシャル $W(z)$ において右辺の第 3 項以降を無視した式は

$$W(z) = Uz + \frac{q}{2\pi} \ln z - \frac{i\Gamma}{2\pi} \ln z \quad (11.165)$$

であり，式 (11.55) および式 (11.68) と対比させれば，式 (11.165) が一様流 U の中に強さ q のわき出しと循環 Γ を持つポテンシャル渦を持つ流れを表していることがわかる．

次に式 (11.164) を式 (11.161) に代入すると

$$X - iY = -2\pi\rho U a_1 = -2\pi\rho U \left(\frac{q}{2\pi} - \frac{i\Gamma}{2\pi} \right) = -\rho U q + i\rho U\Gamma \quad (11.166)$$

であり

$$X = -\rho U q, \quad Y = -\rho U\Gamma \quad (11.167)$$

となる．この X と Y は物体に働く力の内，一様流 U が存在する x 方向に働く力，つまり，抗力はわき出し強さ q で，x 方向と直角な y 方向に働く力，つまり，揚力は循環 Γ で表されることを示している．式 (11.167) は，前章において一様流中の回転円柱に対して導いた式 (10.81) と一致しており，式 (11.167) のことをクッタ・ジューコフスキー (Kutta–Joukowski) の定理と呼ぶ．

式 (11.167) において，実際には，物体からのわき出しはないので $X = 0$，つまり，完全流体に対しては物体に抗力は働かないことになる．また，式 (11.167) は循環 Γ が正のときは y 軸の負の向きに，負のときは y 軸の正の向きに揚力が働くことを示している．これをマグナス効果 (Magnus effect) と呼んでいる．

いま，回転円柱に働く力を考える．流速 U を持つ一様流中に置かれた半径 a を持つ円柱周りの流れに対する複素ポテンシャル $W_1(z)$ は，式 (11.109) より

$$W_1(z) = U \left(z + \frac{a^2}{z} \right)$$

であり，循環 Γ を持つポテンシャル渦に対する複素ポテンシャル $W_2(z)$ は，式

(11.68) より

$$W_2(z) = -\frac{i\Gamma}{2\pi}\ln z$$

で与えられる．この二つの流れを重ね合わせると

$$W(z) = W_1(z) + W_2(z) = U\left(z + \frac{a^2}{z}\right) - \frac{i\Gamma}{2\pi}\ln z \quad (11.168)$$

となり，この $W(z)$ は一様流 U 中に置かれた回転円柱周りの流れを表す．この式より

$$\frac{dW(z)}{dz} = U\left(1 - \frac{a^2}{z^2}\right) - \frac{i\Gamma}{2\pi}\frac{1}{z} \quad (11.169)$$

であるから，式 (11.157) と式 (11.169) を比較すると

$$a_1 = -\frac{i\Gamma}{2\pi} \quad (11.170)$$

となり，ブラジウスの定理 (11.166) から

$$X = 0, \quad Y = -\rho U \Gamma \quad (11.171)$$

を得る．よって，図 11.26 のように一様流中に置かれた時計回りに回転する円柱周りの流れの場合には式 (11.171) で $\Gamma < 0$ となるから $Y > 0$ であり，揚力は y 軸の正の方向，つまり，上向きに働くことになる．この結果は，円柱表面の速度を u とすると $\Gamma = -2\pi a u$ であるので，第 10 章で示した式 (10.81) と一致する．

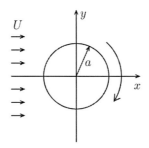

図 **11.26** 時計回りに回転する円柱周りの流れ

11.7 翼 理 論

翼の形状や各部の名称，さらに揚力発生については前章の 10.7 節で簡単に述

べた．ここでは，各種の翼に働く揚力をポテンシャル解析を用いて計算する方法について説明する．

11.7.1 平板翼に働く揚力

図 11.27 に示す x 軸と角度 α を持つ一様流中に置かれた平板翼周辺の流れを回転円柱周りの流れに写像して考える．平板には揚力 L が働くので平板の周囲にはクッタの条件により循環 Γ が生じる．

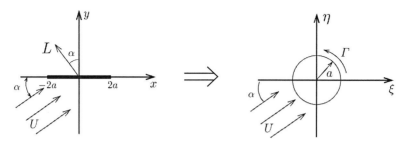

図 11.27 平板翼の写像

まず，ξ 軸から α だけ傾いた向きの流速 U を持つ一様流中での円柱周りの流れを表す複素ポテンシャル $W(\zeta)$ は，式 (11.136) より，

$$W_1(\zeta) = U\left(\zeta e^{-i\alpha} + \frac{a^2}{\zeta e^{-i\alpha}}\right) \tag{11.136}$$

となる．反時計回りを正とすると循環 Γ を持つ流れに対する $W(\zeta)$ は式 (11.68) より

$$W_2(\zeta) = -\frac{i\Gamma}{2\pi}\ln\zeta \tag{11.68}$$

であるから，重ね合わせにより，循環を持つ円柱周りの流れの $W(\zeta)$ は

$$W(\zeta) = W_1(\zeta) + W_2(\zeta) = U\left(\zeta e^{-i\alpha} + \frac{a^2}{\zeta e^{-i\alpha}}\right) - \frac{i\Gamma}{2\pi}\ln\zeta \tag{11.172}$$

で与えられる．ジューコフスキー変換

$$z = \zeta + \frac{a^2}{\zeta} \tag{11.130'}$$

を用いて ζ 平面から z 平面へ写像すると

$$\frac{dW(z)}{dz} = u - iv = \frac{dW}{d\zeta}\frac{d\zeta}{dz} = \frac{dW}{d\zeta}\frac{1}{(dz/d\zeta)}$$
$$= \left[Ue^{-i\alpha}\left(1 - \frac{a^2 e^{2i\alpha}}{\zeta^2}\right) - \frac{i\Gamma}{2\pi}\frac{1}{\zeta}\right]\frac{1}{1 - a^2/\zeta^2} \tag{11.173}$$

となる．$\zeta = a$ で u または v が無限大へと発散せずに流体が滑らかに流れるためのクッタの条件を満たすためには，式 (11.173) の分子も $\zeta = a$ で 0 に漸近しなければならない．よって，

$$Ue^{-i\alpha}\left(1 - e^{2i\alpha}\right) - \frac{i\Gamma}{2\pi a} = 0 \tag{11.174}$$

となり，循環 Γ は

$$\Gamma = -4\pi aU \sin\alpha \tag{11.175}$$

で与えられる．これより，$\Gamma < 0$ となるので循環は時計回りとなる．

また，クッタ・ジューコフスキーの定理より z 平面での平板に一様流れ U と直角の方向に働く揚力 L は，

$$L = -\rho U\Gamma = 4\pi a\rho U^2 \sin\alpha \tag{11.176}$$

となる．この式は迎え角 α が $\alpha = 0$ のときは当然のことながら揚力 L は 0 となり，α が大きくなるに従い L が増加することを示している．

11.7.2 円弧翼に働く揚力

図 11.28 に示す弦長が $4a$，そりが $2b$ の円弧翼に働く揚力を考える．
ζ 平面において中心が $\zeta = ib$ で，点 $\zeta = \pm a$ を通る円は

$$\zeta - ib = \sqrt{a^2 + b^2}\,e^{i\theta} \tag{11.177}$$

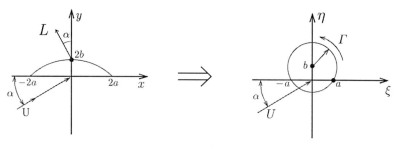

図 **11.28** 円弧翼の写像

で表される．ジューコフスキー変換

$$z = \zeta + \frac{a^2}{\zeta} \tag{11.130'}$$

を用いてこの円を z 平面に写像すると，図 11.28 に示す円弧に写像される．この証明は省略するが，ζ 平面での円上の点と $\zeta = \pm a$ の点を結ぶ二つの線分がなす角の 2 倍の値が z 平面上の円弧上の点と $z = \pm 2a$ の点を結ぶ二つの線分がなす角に等しくなり，その結果，z 軸上の円弧上の点と $z = \pm 2a$ の点を結ぶ二つの線分がなす角度が一定になることを示せばよい．

ζ 平面での円の周りに反時計回りの循環 Γ があるとすると，$W(\zeta)$ は

$$W(\zeta) = U\left[(\zeta - ib)e^{-i\alpha} + \frac{a^2 + b^2}{(\zeta - ib)e^{-i\alpha}}\right] - \frac{i\Gamma}{2\pi}\ln(\zeta - ib) \tag{11.178}$$

となる．よって，

$$\begin{aligned}\frac{dW(z)}{dz} &= u - iv = \frac{dW}{d\zeta}\frac{d\zeta}{dz} \\ &= \left\{U\left[e^{-i\alpha} - \frac{a^2 + b^2}{(\zeta - ib)^2 e^{-i\alpha}}\right] - \frac{i\Gamma}{2\pi(\zeta - ib)}\right\}\frac{1}{1 - a^2/\zeta^2}\end{aligned} \tag{11.179}$$

であり，クッタの条件を適用すると $\zeta = a$ で

$$U\left[e^{-i\alpha} - \frac{a^2 + b^2}{(a - ib)^2 e^{-i\alpha}}\right] - \frac{i\Gamma}{2\pi(a - ib)} = 0 \tag{11.180}$$

となる．よって，

$$\Gamma = -4\pi U(a\sin\alpha + b\cos\alpha) \tag{11.181}$$

となり，円弧翼に働く揚力 L は，クッタ・ジューコフスキーの定理より

$$L = -\rho U\Gamma = 4\pi(a\sin\alpha + b\cos\alpha)\rho U^2 \tag{11.182}$$

で与えられる．

11.7.3　ジューコフスキー翼に働く揚力

ζ 平面の ξ 軸上において $\zeta = \pm a$ の B_1，B_2 点を通る円 C_1 に B_1 で接し，中心を ζ_0 に持ち，円 C_1 を含む円を C_2 とする．この円 C_1，C_2 をジューコフスキー変換

$$z = \zeta + \frac{a^2}{\zeta} \tag{11.130'}$$

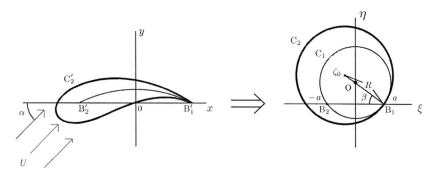

図 11.29　ジューコフスキー翼の写像

を用いて z 平面へ写像する．円 C_1 は前節で示したように図 11.29 の細線で示される円弧の部分に写像される．円 C_2 は B_1 を通ることより z 平面での B_1' を通り，B_2' を中に含む翼形の部分に写像される．円 C_2 の半径が円 C_1 の半径より大きくなるほど翼形の肉厚は大きくなる．この翼をジューコフスキー翼と呼ぶ．

いま，このジューコフスキー翼が図 11.29 のように迎え角 α で流速 U を持つ一様流中に置かれたとする．円 C_2 の半径を R とすると，図 11.29 より

$$\zeta_0 = a + Re^{i(\pi-\beta)} = a - Re^{-i\beta} \tag{11.183}$$

であるから，翼周りの流れは ζ 平面で中心が式 (11.183) で与えられる ζ_0 にある半径 R の円に循環 Γ を重ね合わせた複素ポテンシャルで与えられる．つまり，

$$W(\zeta) = U\left[(\zeta-\zeta_0)e^{-i\alpha} + \frac{R^2 e^{i\alpha}}{\zeta-\zeta_0}\right] - \frac{i\Gamma}{2\pi}\ln(\zeta-\zeta_0) \tag{11.184}$$

となる．よって，

$$\frac{dW(z)}{dz} = \frac{dW}{d\zeta}\frac{d\zeta}{dz} = \left\{U\left[e^{-i\alpha} - \frac{R^2 e^{i\alpha}}{(\zeta-\zeta_0)^2}\right] - \frac{i\Gamma}{2\pi(\zeta-\zeta_0)}\right\}\Big/\left(1 - \frac{a^2}{\zeta^2}\right) \tag{11.185}$$

となるので，クッタの条件を適用すると

$$U\left[e^{-i\alpha} - \frac{R^2 e^{i\alpha}}{(a-\zeta_0)^2}\right] - \frac{i\Gamma}{2\pi(a-\zeta_0)} = 0 \tag{11.186}$$

となる．式 (11.183) より

$$a - \zeta_0 = Re^{-i\beta} \tag{11.187}$$

であるから，式 (11.186) に式 (11.187) を代入すると

$$U\left(e^{-i(\alpha+\beta)} - e^{i(\alpha+\beta)}\right) = \frac{i\Gamma}{2\pi R} \tag{11.188}$$

となり

$$\Gamma = -4\pi RU \sin(\alpha+\beta) \tag{11.189}$$

を得る．また，クッタ・ジューコフスキーの定理から揚力 L は

$$L = -\rho U \Gamma = 4\pi R \rho U^2 \sin(\alpha+\beta) \tag{11.190}$$

となる．

　以上に示したように ζ 平面で簡単な形状を持つ物体を z 平面に写像するとき，その z 平面での物体が一様流中の流れの中でどのような揚力を受けるかをクッタの条件とクッタ・ジューコフスキーの定理から簡単に求めることができる．

11.8　渦糸によって誘起される流れ

　図 11.30 に示す z 軸の周りの半径 r の円周上を回転する二次元渦 $(v_z=0)$ を考える．

　この渦は $0 \leq r \leq a$ の領域で $v_\theta = \omega r$ の速度で剛体回転をし，$r > a$ の領域では渦なし流れとする．つまり，

$$\left. \begin{array}{ll} v_\theta = \omega r, & v_r = 0 \quad (0 \leq r \leq a) \\ \Omega_z = 0, & v_r = 0 \quad (r > a) \end{array} \right\} \tag{11.191}$$

とする．渦度 Ω_z は，円柱座標系では

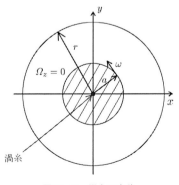

図 **11.30**　渦糸の定義

$$\Omega_z = \frac{1}{r}\left[\frac{\partial}{\partial r}(rv_\theta) - \frac{\partial v_r}{\partial \theta}\right] \tag{11.192}$$

であるから，式 (11.191) の v_θ および v_r から

$$\Omega_z = \begin{cases} 2\omega & (0 \leq r \leq a) \\ 0 & (r > a) \end{cases} \tag{11.193}$$

となり，$0 \leq r \leq a$ の領域で Ω_z は一定値となる．このような剛体回転する渦を剛体渦と呼ぶ．$r > a$ のときは，$\Omega_z = 0$ より式 (11.192) より

$$v_\theta = \frac{C}{r} \tag{11.194}$$

となる．$r = a$ で剛体渦の流速と一致することから

$$v_\theta = \frac{a^2\omega}{r} \tag{11.195}$$

となる．この v_θ で与えられる渦は式 (11.60) にも示したように自由渦 (ポテンシャル渦) になる．この剛体渦とポテンシャル渦からなる渦をランキン渦と呼ぶ．

いま，$a \to 0$ の極限，つまり，渦度 Ω_z が z 軸に集中したものを渦糸と呼ぶ．ただし，$a \neq 0$ とする．z 軸に集中する渦度の総和 Γ は式 (11.193) より

$$\Gamma = \Omega_z \pi a^2 = 2\pi\omega a^2 \tag{11.196}$$

となる．式 (11.58) よりこの Γ は循環に相当する．渦糸の外側 $r > a$ では式 (11.195) より

$$v_\theta = \frac{a^2\omega}{r} = \frac{2\pi\omega a^2}{2\pi r} = \frac{\Gamma}{2\pi r} \tag{11.197}$$

となり，渦糸である z 軸から r だけ離れた位置では式 (11.197) の流れが誘起されることになる．この v_θ は式 (11.66) のポテンシャル渦の v_θ と同じであり，原点に循環 Γ を持つ渦糸の速度ポテンシャル $W(z)$ は式 (11.68) で与えられることがわかる．

渦糸が z 軸に一致せず，図 11.31 のようになる場合には渦糸の微小部分 $d\boldsymbol{s}$ が距離 r 離れた点に，$d\boldsymbol{s}$ と r を含む平面に垂直な方向に次式で示す流速 $d\boldsymbol{V}$ を誘起する．

$$d\boldsymbol{V} = \frac{\Gamma}{4\pi}\frac{\sin\theta}{r^2}d\boldsymbol{s} \tag{11.198}$$

この式は電磁気学のビオ・サバール (Biot–Savart) の法則と同じ形を持つので，流

11.8 渦糸によって誘起される流れ

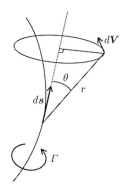

図 11.31　渦糸が作る流れ

体力学でもビオ・サバールの法則と呼ばれる．$d\boldsymbol{V}$ の方向は $d\boldsymbol{s}$ を右ネジとして，そのネジが前進するときの回転方向に一致する．もちろん，渦糸が直線になるときは式 (11.198) より式 (11.197) を導くことができる．

図 11.32 のように z 軸と平行な渦糸がたくさん存在する場合に点 A(x,y) に誘起される流速 $\boldsymbol{v}(u,v)$ は，それぞれの渦糸が誘起する流速を重ね合わせたもので与えられる．すなわち，

$$\left.\begin{array}{rcl} u &=& \displaystyle\sum_i \frac{\Gamma_i}{2\pi}\frac{1}{r_i}\cos\theta_i \\ v &=& \displaystyle\sum_i \frac{\Gamma_i}{2\pi}\frac{1}{r_i}\sin\theta_i \end{array}\right\} \quad (11.199)$$

ここで，$r_i^2 = (x-x_i)^2 + (y-y_i)^2$ である．

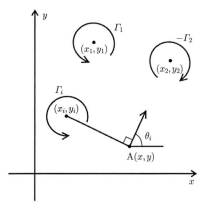

図 11.32　複数の渦糸に誘起される流れ

演習問題

11.1 二次元ポテンシャル流れの流速が $u = x,\ v = -y$ のときの流れ関数 ψ と速度ポテンシャル ϕ 求めよ.

11.2 複素ポテンシャル $W(z)$ が $W(z) = \ln z + z$ で与えられるとき淀み点を求めよ.

11.3 図のように流速 U を持つ一様流の中に置かれた壁面上の原点 O から h だけ離れた $y = h$ の位置に強さ q のわき出しがある場合の複素ポテンシャル $W(z)$ と x 軸上での流速 u を求めよ.また,わき出しではなく原点から $y = h$ の位置に時計回りの循環 $-\Gamma$ を持つ渦糸が存在する場合,この渦糸が静止するための Γ の値を求めよ.

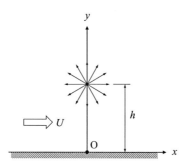

11.4 図に示すように壁で作られたコーナーの $z_0 = h + ih$ の A 点に反時計回りの循環 Γ を持つ渦糸が存在する.この渦糸の A 点での $x,\ y$ 方向の移動速度 $u,\ v$ を求めよ.

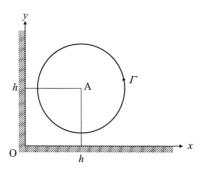

11.5 図に示すように流速 U の一様流中に半径 a を持つ二つの回転円柱が置かれている．原点 O に置かれた円柱は反時計回りに循環 Γ で回転し，$y = -h$ に置かれた円柱は時計回りに循環 $-\Gamma$ で回転している．この流れに対する複素ポテンシャルを求めよ．また，原点に置かれた円柱に働く力を求めよ．

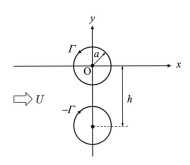

第 12 章　圧縮性流体の流れ

本書においては非圧縮性流体の力学を扱っており，圧縮性流体の力学については，別の専門書 (永田 2010 など) を参考にしていただきたいが，圧縮性流体の扱いの基本的事項についてのみ本章で簡単に説明しておくことにする．

第 1 章で述べたように流体の圧縮性が問題となるのは圧縮率の大きな気体に対してであり，圧縮率が気体よりも 4 桁ほど小さい液体の場合には高圧をかけてもほとんど圧縮されないのであまり問題にならない．特に，気体の場合は，音速程度や音速を超える超音速流の場合には圧縮性を考慮しなければならない．

12.1　熱力学的性質

高速流においては，流体の圧縮，膨張に伴う流体の状態変化を知る必要がある．流体の比容積 (単位質量をもつ流体の体積) を v，密度を ρ とすると

$$\rho v = 1 \tag{12.1}$$

である．理想気体に対する状態方程式は

$$pv = RT \tag{12.2}$$

であるから

$$p = \frac{RT}{v} = \rho RT \tag{12.3}$$

となる．ここで，気体定数 R は

$$R = \frac{R_0}{m}$$

R_0：普遍気体定数 ($= 8.314$ J/mol·K)

m：気体 1 mol の質量 [kg/mol]

であり，乾燥空気では $m = 28.97 \times 10^{-3}$ kg/mol であるから，$R = 287$ J/kg·K となる．

単位質量あたりの流体の内部エネルギーを U，エンタルピーを H とすると

$$\text{定容比熱容量} \quad c_\mathrm{v} = \left(\frac{dU}{dT}\right)_\mathrm{v} \to dU = c_\mathrm{v} dT \tag{12.4}$$

$$\text{定圧比熱容量} \quad c_\mathrm{p} = \left(\frac{dH}{dT}\right)_\mathrm{p} \to dH = c_\mathrm{p} dT \tag{12.5}$$

である．いっぽう，エンタルピー H は

$$H = U + \frac{p}{\rho} = U + pv \tag{12.6}$$

で定義される．

熱力学の第1法則「単位質量の流体に外部から dq の熱を加えると内部エネルギーは dU だけ増加し，dv だけ体積膨張するため外部に対して pdv の仕事をする」より

$$dq = dU + pdv \tag{12.7}$$

となる．また，状態方程式から

$$pdv + vdp = RdT \tag{12.8}$$

であるので，式 (12.6) より

$$dH = dU + pdv + vdp = dq + vdp = dq + \frac{1}{\rho}dp \tag{12.9}$$

となる．

〈定圧変化〉

定圧変化の場合，$dp = 0$ であるから式 (12.8) より

$$pdv = RdT \tag{12.10}$$

であり，式 (12.9) より

$$dH = dq \tag{12.11}$$

となる．この式は加えた熱量 dq がエンタルピーの増加になることを示している．

また，式 (12.4)〜(12.8) より，$dp = 0$ とすると

$$c_{\mathrm{p}} - c_{\mathrm{v}} = R \tag{12.12}$$

となる．比熱容量比 $c_{\mathrm{p}}/c_{\mathrm{v}}$ を $c_{\mathrm{p}}/c_{\mathrm{v}} = \kappa$ と置くと

$$c_{\mathrm{p}} = \frac{\kappa}{\kappa - 1} R \tag{12.13}$$

$$c_{\mathrm{v}} = \frac{1}{\kappa - 1} R \tag{12.14}$$

となる．なお，$\kappa = 1.4$ である．

〈定容変化〉

定容変化の場合，$dv = 0$ であるから，式 (12.7) より

$$dq = dU \tag{12.15}$$

となる．この式は加えた熱量が内部エネルギーの増加分になることを示している．

〈等温変化〉

等温変化の場合，$dT = 0$ であるから，式 (12.4) より $dU = 0$ となり，式 (12.7) より

$$dq = pdv \tag{12.16}$$

となる．この式は加えた熱量が膨張による仕事 pdv になることを示している．

可逆変化の場合のエントロピー S の変化 dS は，熱力学より

$$dS = \frac{1}{T} dq \tag{12.17}$$

となり，気体に熱 $dq(> 0)$ を加えればエントロピー $S(dS > 0)$ が増加し，熱をとれば $(dq < 0) S$ が減少する $(dS < 0)$ ことがわかる．可逆断熱変化の場合は $dq = 0$ であるので $dS = 0$ となり，等エントロピー変化の場合に相当する．

式 (12.1)，(12.2)，(12.7)，(12.8)，および式 (12.12) から

$$\frac{dq}{T} = c_{\mathrm{v}} d \ln p v^{\kappa} \tag{12.18}$$

が導かれる．よって，式 (12.17) より

$$dS = c_{\mathrm{v}} d \ln p v^{\kappa} \tag{12.19}$$

となる．ある状態からある状態へ可逆断熱変化するとき $dS = S_2 - S_1 = 0$ であ

るから

$$pv^\kappa = c \ (一定) \tag{12.20}$$

が得られる．式 (12.1) より

$$p = c\rho^\kappa \tag{12.21}$$

であり，式 (12.1) および式 (12.2) より

$$T = c'\rho^{\kappa-1} = c'p^{(\kappa-1)/\kappa} \tag{12.22}$$

となる．さらに，高温 T_1 の気体から熱量 Δq が低温 T_2 の気体に移動するとすれば，式 (12.17) よりエントロピーの変化は

$$\Delta S = -\frac{\Delta q}{T_1} + \frac{\Delta q}{T_2} = \frac{T_1 - T_2}{T_1 T_2}\Delta q > 0 \tag{12.23}$$

となる．理想的な可逆変化では $T_1 = T_2$ の同じ温度で熱が移動するため $dS = 0$ となるが，一般的な不可逆変化では $dS > 0$ となる．このことは，熱力学の第 2 法則「一つの閉じた系内のエントロピーの総和は，その系内に可逆変化が生じる場合は変化しないが，不可逆変化が生じる場合は増加する」を示している．

12.2 圧力波の速度とマッハ数

図 12.1 のような管内の流体中を左から右に伝わる平面圧力波 (音波) を考える．管内の左部の圧力が p から $p + dp$ へと急上昇し，流体の密度が ρ から $\rho + d\rho$ へと増加し，速度 a でこの圧力波が左から右へ進んできたとする．また，右側の

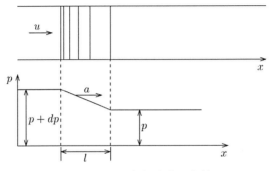

図 **12.1** 平面圧力波 (音波) の伝播

まだ静止している流体面との間に長さ l の区間で圧力変化が生じたとする．圧力波がこの区間を過ぎる時間 t は

$$t = \frac{l}{a} \tag{12.24}$$

であり，この区間の単位時間あたりの質量増加は管内の断面積を A とすると，式 (12.24) より

$$\frac{Ald\rho}{t} = Aad\rho \tag{12.25}$$

となる．この質量増加分は，質量の保存則 (連続の式) により左側から補給されなければならないから，その流速を u とすると式 (12.25) より

$$Au(\rho + d\rho) \approx Au\rho = Aad\rho \tag{12.26}$$

となる．よって，

$$ad\rho = u\rho \tag{12.27}$$

が得られる．また，区間 l の流体は $t=0$ で流速 0 から $t=t$ で流速 u まで加速されるから，この区間の流体に働く加速度は，式 (12.24) より

$$\alpha = \frac{u}{t} = \frac{ua}{l} \tag{12.28}$$

となる．この区間の質量は $(\rho + d\rho)Al \approx Al\rho$ であるから力の釣り合い，つまり，運動方程式は

$$Al\rho \times \alpha = Adp \tag{12.29}$$

となる．式 (12.28) を代入すると

$$\rho au = dp \tag{12.30}$$

となるので，式 (12.27) および式 (12.30) より，圧力波の伝播速度 a が次式で決まる．

$$a = \sqrt{\frac{dp}{d\rho}} \tag{12.31}$$

急激な圧力変化の場合は，断熱変化とみなされるから式 (12.21) および式 (12.3) より

$$\frac{dp}{d\rho} = \frac{d}{d\rho}(c\rho^{\kappa}) = c\kappa\rho^{\kappa-1} = \kappa\frac{p}{\rho} = \kappa RT \tag{12.32}$$

となり，a は

12.2 圧力波の速度とマッハ数

$$a = \sqrt{\kappa RT} \tag{12.33}$$

で与えられる．この式は圧力波の伝播速度 a が $T^{1/2}$ に比例することを示している．例えば空気の場合には $\kappa = 1.4$ および $R = 287 \text{ m}^2/\text{s}^2\cdot\text{K}$ であるから，式 (12.33) より $a \approx 20\sqrt{T}$ となり 20°C ($T = 293$ K) のときには音速 a は $a = 343$ m/s となる．

いっぽう，体積 v の流体に働く圧力が p から Δp だけ圧力上昇したとき Δv だけ体積が減ったとすると，体積弾性係数 K は，

$$K = \frac{\Delta p}{\Delta v/v} = -v\frac{dp}{dv} \tag{12.34}$$

で定義されるから，この K を用いると

$$\frac{dp}{d\rho} = \frac{1}{d\rho}\left(-K\frac{dv}{v}\right) = \frac{1}{d\rho}\left(K\frac{d\rho}{\rho}\right) = \frac{K}{\rho} \tag{12.35}$$

$$a = \sqrt{\frac{K}{\rho}} \tag{12.36}$$

とも書くことができる．

流体の流速 U と圧力波の伝播速度 (音速) a との比

$$M = \frac{U}{a} \tag{12.37}$$

をマッハ数 (Mach number) と呼ぶ．また，マッハ数 M は

$$M = \frac{U}{a} = \frac{U}{\sqrt{\frac{K}{\rho}}} = \sqrt{\frac{\rho U^2}{K}} \tag{12.38}$$

であり，M は流れの慣性力と弾性力の比の 1/2 乗に相当することがわかる．

いま，図 12.2 のように気体中を物体が速度 U で左から右に動く場合を考える．物体の運動により生じる圧力波は，すべての方向に a の速度で伝播する．つまり，物体が時間 t の間に Ut だけ進行するのに対して圧力波は図 12.2 に示すように a の速度で半径 at の円上に伝播する．$M < 1$ の物体が亜音速で動く場合には，図 12.2 の左図に示すように圧力波の伝播は物体の進行よりも先行する．$M > 1$ の物体が超音速で動く場合には図 12.2 の右図に示すように物体の方が圧力波よりも先行し，物体が進行中に出す圧力波の包絡面が物体の進行方向軸と角度 α を持つ一つの円錐形をなす．この円錐面上では無数の圧力波が重なるので圧力波が強くなり気体の圧力および密度の変化が大きくなる．この圧力波をマッハ波という．

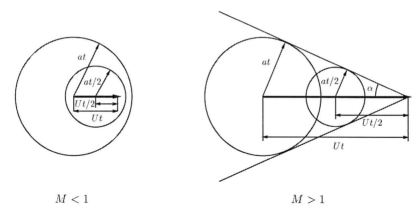

図 12.2 物体の運動と圧力波の関係

図 12.2 より

$$\alpha = \sin^{-1}\frac{at}{Ut} = \sin^{-1}\frac{a}{U} = \sin^{-1}\frac{1}{M} \quad (12.39)$$

であり，この α をマッハ角と呼ぶ．

12.3 一次元圧縮性流体の流れ

断面積 A を持つ流路を密度 ρ の非粘性の圧縮性流体が流速 u で流れる一次元流れを考える．連続の式 (質量保存則) より

$$\rho u A = 一定 \quad (12.40)$$

であり，この式を ρ で微分すると

$$\frac{d\rho}{\rho} + \frac{dA}{A} + \frac{du}{u} = 0 \quad (12.41)$$

となる．

次に，$\mu = 0$ の完全流体の定常な流れを仮定し，運動方程式を考えると，式 (6.19) より流線 S に沿っての運動方程式は外力が働かないとして

$$\frac{1}{\rho}dp + d\left(\frac{u^2}{2}\right) = 0 \quad (12.42)$$

となる．この式を流線に沿って積分すると，圧縮性流体に対するベルヌーイ (Bernoulli) の式に相当する，

$$\int \frac{1}{\rho} dp + \frac{1}{2} u^2 = 一定 \tag{12.43}$$

が得られ，断熱変化を仮定すると，式 (12.21) より式 (12.43) は

$$\int c\kappa \rho^{\kappa-2} d\rho + \frac{1}{2} u^2 = \frac{\kappa}{\kappa-1} \frac{p}{\rho} + \frac{1}{2} u^2 = 一定 \tag{12.44}$$

となるので，式 (12.3) を代入すると

$$\frac{\kappa}{\kappa-1} RT + \frac{1}{2} u^2 = 一定 \tag{12.45}$$

を得る．結局，式 (12.44)，あるいは，式 (12.45) が圧縮性流体の運動に対するエネルギー式になる．この流体がある 0 の状態から流れるとき，式 (12.45) より

$$\frac{\kappa}{\kappa-1} RT + \frac{1}{2} u^2 = \frac{\kappa}{\kappa-1} RT_0 + \frac{1}{2} u_0^2 \tag{12.46}$$

となる．非常に大きな容器からの流体の流出を考える場合のように，$u_0 = 0$ とすると

$$\frac{\kappa}{\kappa-1} RT + \frac{1}{2} u^2 = \frac{\kappa}{\kappa-1} RT_0 \tag{12.47}$$

となる．よって，式 (12.33) および式 (12.37) を用いて

$$T_0 = T + \frac{1}{R} \frac{\kappa-1}{\kappa} \frac{u^2}{2} = T + \frac{\kappa-1}{2} TM^2 \tag{12.48}$$

を得る．この式で T を静温 (static temperature)，T_0 を全温 (total temperature)，$\frac{1}{R} \frac{\kappa-1}{\kappa} \frac{u^2}{2}$ を動温 (dynamic temperature) と呼ぶ．

式 (12.22) と式 (12.48) より

$$\frac{p_0}{p} = \left(\frac{T_0}{T}\right)^{\frac{\kappa}{\kappa-1}} = \left(1 + \frac{\kappa-1}{2} M^2\right)^{\frac{\kappa}{\kappa-1}} \tag{12.49}$$

$$\frac{\rho_0}{\rho} = \left(\frac{T_0}{T}\right)^{\frac{1}{\kappa-1}} = \left(1 + \frac{\kappa-1}{2} M^2\right)^{\frac{1}{\kappa-1}} \tag{12.50}$$

であり，(p_0, ρ_0, T_0) の状態で静止していた気体が流速 u で流れてマッハ数 M に達したときの (p, ρ, T) の状態は，式 (12.48)〜(12.50) で与えられることになる．

式 (12.42) より

$$u du + \frac{dp}{\rho} = 0 \tag{12.51}$$

であり，式 (12.31) に代入すると

$$udu + a^2\frac{d\rho}{\rho} = 0 \tag{12.52}$$

となる．この式に，連続の式 (12.41) を代入すると

$$udu - a^2\left(\frac{dA}{A} + \frac{du}{u}\right) = 0$$

であり，整理すると

$$\left(\frac{u^2}{a^2} - 1\right)du - \frac{u}{A}dA = 0 \tag{12.53}$$

となる．これより

$$\frac{du}{dA} = \frac{u}{A}\frac{1}{M^2 - 1} \tag{12.54}$$

を得る．この式は $M > 1$ のとき $\frac{du}{dA} > 0$，つまり，超音速流れの場合は流路断面が大きくなれば流速が増えることを，$M < 1$ のとき $\frac{du}{dA} < 0$ より，亜音速の場合は流路断面が大きくなれば流速が減少することを示しており，$M = 1$ を境にして流路断面の変化に対する流速 u の変化の傾向が全く異なることがわかる．

また，式 (12.52) より

$$\frac{d\rho}{\rho} = -M^2\frac{du}{u} \tag{12.55}$$

となる．これは密度変化が流速変化と全く逆の関係にあることを示している．さらに，等エントロピー流れ (可逆断熱変化) の場合は，式 (12.22) より温度 T も圧力 p も密度 ρ と同じ傾向を持つことがわかる．

12.4 ピトー管による圧縮性流体の流速測定

圧縮性流体の流速 u をピトー管を用いて計る場合，静圧を p，全圧を p_t とし，さらに断熱変化を考えると，式 (12.49) より

$$\frac{p_t}{p} = \left(1 + \frac{\kappa - 1}{2}M^2\right)^{\frac{\kappa}{\kappa - 1}} \tag{12.56}$$

となる．$M < 1$ として式 (12.56) の右辺を二項展開すると

$$\frac{p_t}{p} = 1 + \frac{\kappa}{2}M^2\left(1 + \frac{1}{4}M^2 + \frac{2-\kappa}{24}M^4 + \cdots\right) \tag{12.57}$$

となり，式 (12.33) より $a = \sqrt{\kappa RT} = \sqrt{\kappa p/\rho}$ であるから，式 (12.3) を用いて

$$p_t - p = \frac{\rho u^2}{2}\left(1 + \frac{1}{4}M^2 + \frac{2-\kappa}{24}M^4 + \cdots\right) \tag{12.58}$$

を得る．これより

$$u = \varepsilon\sqrt{\frac{2}{\rho}(p_t - p)} \tag{12.59}$$

となり，補正係数 ε は

$$\varepsilon = 1\bigg/\left(1 + \frac{1}{4}M^2 + \frac{2-\kappa}{24}M^4 + \cdots\right)^{\frac{1}{2}} \tag{12.60}$$

で与えられる．この結果，$M \ll 1$ の通常の低速の流れでは $\varepsilon \approx 1.0$ となり気体の場合でも圧縮性を考慮する必要がないことがわかるが，航空機などに取り付けられているピトー管のように $M \approx 1$ の音速流に近い高速の流れでは，圧縮性を考慮した補正が必要となる．

12.5 先細ノズル

図 12.3 のように気体が高圧室から先細ノズルを通って低圧室に噴出する場合を考える．

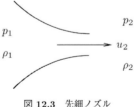

図 **12.3** 先細ノズル

ノズルから噴出する気流中の圧力が低圧室の圧力 p_2 に等しいとすると，気流の流速を u_2 として式 (12.44) より

$$\frac{\kappa}{\kappa - 1}\frac{p_1}{\rho_1} = \frac{\kappa}{\kappa - 1}\frac{p_2}{\rho_2} + \frac{u_2^2}{2} \tag{12.61}$$

であるから

$$u_2 = \sqrt{2\frac{\kappa}{\kappa - 1}\left(\frac{p_1}{\rho_1} - \frac{p_2}{\rho_2}\right)} \tag{12.62}$$

となり，断熱変化をする場合には，式 (12.21) より

$$u_2 = \sqrt{2\frac{\kappa}{\kappa-1}\frac{p_1}{\rho_1}\left(1-\left(\frac{p_2}{p_1}\right)^{\frac{\kappa-1}{\kappa}}\right)} \quad (12.63)$$

を得る．ノズルの断面積を A とすると単位時間に流出する気体の質量は，式 (12.21) を用いて

$$m = \rho_2 A u_2 = A\sqrt{2\frac{\kappa}{\kappa-1}p_1\rho_1 \left(\frac{\rho_2}{\rho_1}\right)^2 \left[1-\left(\frac{p_2}{p_1}\right)^{\frac{\kappa-1}{\kappa}}\right]}$$

$$= A\sqrt{2\frac{\kappa}{\kappa-1}p_1\rho_1 \left[\left(\frac{p_2}{p_1}\right)^{\frac{2}{\kappa}}-\left(\frac{p_2}{p_1}\right)^{\frac{\kappa+1}{\kappa}}\right]} \quad (12.64)$$

となる．m が最大になるときの $\frac{p_2}{p_1}$ は $\frac{\partial m}{\partial (p_2/p_1)} = 0$ であることから

$$\frac{p_2}{p_1} = \left(\frac{2}{\kappa+1}\right)^{\frac{\kappa}{\kappa-1}} = \frac{p_c}{p_1} \quad (12.65)$$

となる．この式 (12.65) は式 (12.49) で $M=1$ と置いた式に等しい．したがって，$u_2 = a_2$（音速）となり，このときの圧力 p_2 を臨界圧力 p_c と呼ぶ．式 (12.64) の m を $\frac{p_2}{p_1}$ に対してプロットすると，図 12.4 に示す分布となる．

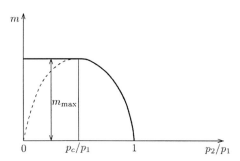

図 **12.4** 先細ノズルにおける流出質量と圧力の関係

この分布に示すように，流出質量 m は p_c/p_1 で最大値をもち $p_2/p_1 = 0$ および 1 で $m=0$ となる曲線で表される．しかし，p_2/p_1 を p_c/p_1 以下に下げても流体が $u_2 = a_2$ の音速で流れるので圧力 p_2 はノズルに向かった上流側には伝わらない．したがって，p_2 の影響がなくなりノズル出口の圧力は常に p_c となって流速も音速に保たれ，m も常に最大値 $m_{\max}$ を保つ．このことから，p_2/p_1 の値がどれほど小さくなっても先細ノズルでは音速以上の流速 u_2 を出すことができ

ないことがわかる.

12.6　中細ノズル

前節で述べたように，先細ノズルでは音速 a 以上に気体の流速を加速することができない．しかし，式 (12.54) より $M > 1$ の場合，ノズル断面を増加させれば流速を上げられることがわかる．そこで図 12.5 に示す中細ノズルを考える．

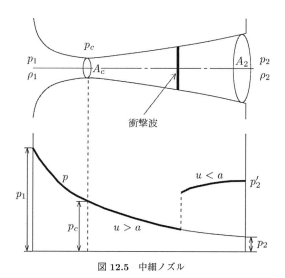

図 12.5　中細ノズル

ノズルの最もしぼられたスロート部で流速が音速 $(M = 1)$ になるとする．式 (12.64) および式 (12.65) より質量流量 $m_{\max}$ はスロート部の断面積を A_c として

$$m_{\max} = A_c \sqrt{2\frac{\kappa}{\kappa + 1} p_1 \rho_1 \left(\frac{2}{\kappa + 1}\right)^{\frac{2}{\kappa - 1}}} \tag{12.66}$$

となる．ノズル出口部の圧力を p_2，断面積を A_2 とすると，質量流量 m_2 は式 (12.64) より

$$m_2 = A_2 \sqrt{2\frac{\kappa}{\kappa - 1} p_1 \rho_1 \left\{\left(\frac{p_2}{p_1}\right)^{\frac{2}{\kappa}} - \left(\frac{p_2}{p_1}\right)^{\frac{\kappa + 1}{\kappa}}\right\}} \tag{12.67}$$

となる．質量流量は各断面で等しいから式 (12.66) と式 (12.67) を等値すること

により

$$\frac{A_2}{A_c} = \sqrt{\frac{\kappa-1}{\kappa+1}\frac{\left(\frac{2}{\kappa+1}\right)^{\frac{2}{\kappa-1}}}{\left(\frac{p_2}{p_1}\right)^{\frac{2}{\kappa}}-\left(\frac{p_2}{p_1}\right)^{\frac{\kappa+1}{\kappa}}}} \qquad (12.68)$$

となる．この面積比 A_2/A_c をノズルの末広比 (expansion ratio) という．

音速 a でこのノズルのスロート部を過ぎた流れは，式 (12.54) より $M > 1$ のとき下流側で加速されるから，圧力は下がり続ける．しかし，式 (12.68)，つまり，A_2/A_c より決まる p_2/p_1 よりも出口圧力が高い，つまり，$p_2'/p_1 > p_2/p_1$ のときは図 12.5 に示すように，気流は最初のうちは，出口圧力が p_2 のときと同様に流れ，途中で図に破線で書くように圧力が急激かつ不連続的に上昇して次節に示す衝撃波を発生する．その後では，亜音速流となって圧力が p_2' になる．

なお，このような中細ノズルは超音速気流を使って羽根車を回す蒸気タービンやガスタービンにも使用されている．

12.7　衝　撃　波

図 12.6 に示すように翼の前方の流速 u が音速 a よりわずかに小さいとき，翼の上面の前縁に近い部分で流速は増加し，$u > a$ となることがある．しかし，翼の後縁に近づくにつれて u は小さくなり $u < a$ の亜音速となる．この場合，前節でも示したように $u > a$ から $u < a$ となるところで圧力分布が不連続となる衝撃

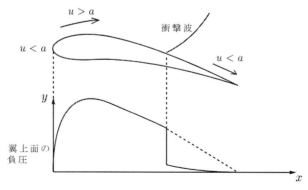

図 12.6　翼周りに発生する衝撃波

波 (shock wave) が発生する．衝撃波が発生すると圧力が急激に上昇し (図中では負圧を示していることに注意)，揚力が小さくなり，飛行機は衝撃失速する．このような翼の周りにできる衝撃波は流体の流れ方向と傾いた方向に発生する斜め衝撃波であるが，流れに対して垂直にできるものを垂直衝撃波と呼ぶ．

いま，図 12.7 に示す管内で垂直衝撃波が発生したとする．衝撃波の前後の圧力を p_1, p_2，温度を T_1, T_2，流速を u_1, u_2，密度を ρ_1, ρ_2，マッハ数を M_1, M_2 とすると，管内の質量流量 m は式 (12.33)，(12.37) および式 (12.48) より

$$m = A\rho u = A\frac{p}{RT}M\sqrt{\kappa RT} = ApM\sqrt{\frac{\kappa}{RT}}$$

$$= ApM\sqrt{\frac{\kappa}{RT_0}\left(1 + \frac{\kappa - 1}{2}M^2\right)} \quad (12.69)$$

であり，この m は衝撃波の前後で変わらないから

$$Ap_1 M_1 \sqrt{\frac{\kappa}{RT_0}\left(1 + \frac{\kappa - 1}{2}M_1^2\right)} = Ap_2 M_2 \sqrt{\frac{\kappa}{RT_0}\left(1 + \frac{\kappa - 1}{2}M_2^2\right)} \quad (12.70)$$

となる．よって，

$$\frac{p_2}{p_1} = \frac{M_1}{M_2}\sqrt{\frac{2 + (\kappa - 1)M_1^2}{2 + (\kappa - 1)M_2^2}} \quad (12.71)$$

が得られる．また，衝撃波の前後で運動量のバランスをとると

$$(p_1 - p_2)A = \rho_2 A u_2^2 - \rho_1 A u_1^2 \quad (12.72)$$

であり，式 (12.1)，(12.2) および式 (12.33) を用いると

$$p_1 + \kappa M_1^2 p_1 = p_2 + \kappa M_2^2 p_2$$

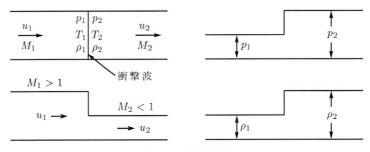

図 **12.7** 垂直衝撃波

となり

$$\frac{p_2}{p_1} = \frac{1+\kappa M_1^2}{1+\kappa M_2^2} \tag{12.73}$$

を得る．式 (12.71) および式 (12.73) より

$$M_2^2 = \frac{2+(\kappa-1)M_1^2}{2\kappa M_1^2 - (\kappa-1)} \tag{12.74}$$

となる．この式に $\kappa = 1.4$ を代入すると $M_1 > 1$ のとき $M_2 < 1$ となり，衝撃波の前後で流れが超音速から亜音速に変わることがわかる．

また，式 (12.74) を式 (12.73) に代入すると

$$\frac{p_2}{p_1} = \frac{2\kappa}{\kappa+1}M_1^2 - \frac{\kappa-1}{\kappa+1} \tag{12.75}$$

であり，状態方程式 (12.3) と連続の式 $\rho u =$ 一定 を用いると

$$\frac{T_2}{T_1} = \frac{p_2}{p_1}\frac{\rho_1}{\rho_2} = \frac{p_2}{p_1}\frac{u_2}{u_1} = \frac{p_2}{p_1}\frac{M_2 a_2}{M_1 a_1} = \frac{p_2}{p_1}\frac{M_2}{M_1}\frac{\sqrt{\kappa R T_2}}{\sqrt{\kappa R T_1}} \tag{12.76}$$

となり，整理すると

$$\frac{T_2}{T_1} = \left(\frac{p_2}{p_1}\right)^2 \left(\frac{M_2}{M_1}\right)^2 \tag{12.77}$$

となる．また，

$$\frac{\rho_2}{\rho_1} = \frac{p_2}{p_1}\frac{T_1}{T_2} \tag{12.78}$$

であり，u_1 と u_2 の間には

$$\frac{u_2}{u_1} = \frac{\rho_1}{\rho_2} \tag{12.79}$$

の関係が成立するので，衝撃波の前後の圧力，温度，密度および流速の比を式 (12.75) および式 (12.77)〜(12.79) により計算することができる．

なお，図 12.8 に示す超音速流中に置かれた楔形の物体の場合のように，物体周りの流れが亜音速にならなくても，2 本の平行線で示すように超音速流が物体により向きを変え圧縮される場合には物体の先端から斜め衝撃波が発生する．この場合，物体周りの流速は衝撃波の前後で $M > 1$ の超音速であるが，破線で示すように斜め衝撃波に垂直な流速成分は超音速 ($M > 1$) から亜音速 ($M < 1$) に変化するため衝撃波が発生することになる．

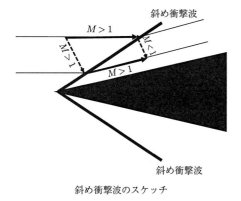

斜め衝撃波のスケッチ

屈折率変化を利用した斜め衝撃波の可視化写真 (Van Dyke 1982)

図 **12.8** 楔形物体の先端から発生する斜め衝撃波

演 習 問 題

12.1 図 12.7 の垂直衝撃波において衝撃波を通過することによって空気が圧縮されることにより密度が増大し，その密度の増大により体積流量が減少するため流れが亜音速になることをマッハ数 $M_1 = 2$ として示せ．

12.2 高度 10000 m 程度にある大気圧 25 kPa，温度 $-50°$C の空気を断熱圧縮して大気圧 100 kPa にしたとすると空気の温度は何 $°$C になるか．

12.3 大きな容器から流体がマッハ数 M が 1 よりもかなり小さい流速で流出している．この流れが等エントロピー流れの場合，密度変化 $(\rho_0 - \rho)/\rho$ が近似的に M^2 に比例することを示せ．

12.4 高度約 10000 m を飛行する飛行機の速度をピトー管を用いて計測している．このピトー管で計測した全圧 p_t が $p_t = 40$ kPa であり，静圧 p が $p = 25$ kPa であったとする．この外気の温度を $-50°$C として飛行機と気流の相対速度を求めよ．また，このとき気流の圧縮性を考慮せずに流速をピトー管で計測するときの流速の計測誤差を示せ．

12.5 図 12.7 に示す衝撃波において衝撃波前後の流体の流速 u_1 および u_2 の間にはプラントルの関係 $u_1 u_2 = a^{*2}$ が成立することを示せ．ここで，a^* は $M = 1$ での音速である．

演習問題解答

第 1 章

1.1 流体中のどの部分も等速で動いており，流速勾配が存在しないから．

1.2 単位時間あたりの分子交換量は A と Δy^{-1} に比例するから，比例定数を k として運動量交換速度，つまり，F は
$$F = kA\frac{\Delta u}{\Delta y}$$
となる．よって，
$$\tau = F/A = k\frac{\Delta u}{\Delta y}$$
であり，k は μ に相当し，温度が上がれば分子の動きが活発になって k は増える．

1.3 ニュートン流体では $\tau = \mu\frac{du}{dy}$，ビンガム流体では $\tau = \tau_0 + \mu\frac{du}{dy}$ より，ニュートン流体は少しでも応力をかければ流れ始めるが，ビンガム流体は τ_0 以上の応力をかけないと流れ始めない．

1.4 座標上の 2 軸から角度 θ および ϕ の位置にある半球面上の微小面積は $r^2 \sin\theta d\theta d\phi$ であるから，半球面上に働く力 F は
$$F = \Delta p \int_0^{\pi/2} \int_0^{2\pi} r^2 \sin\theta \cos\theta d\phi d\theta = \pi r^2 \Delta p$$
となる．

1.5
$$p_2 - p_{\text{atm}} = -K \ln \frac{V_2}{V_1} = -2 \times 10^9 \ln 0.99$$
標準大気圧は 1.013×10^5 Pa であるから，
$$p_2 = 201 \times 10^5 \text{ Pa} = 198 \text{ atm}.$$

第 2 章

2.1 式 (2.5) で $z_1 = 0$, $z_2 = -30$ m. よって
$$p_2 - p_1 = -1025 \times 9.81 \times (-30 - 0)$$
$$= 3.02 \times 10^5 \text{ Pa}.$$

2.2 式 (2.11) および理想気体の状態方程式 $P = \rho RT$ より 0.192 kg/m^3.

2.3 式 (2.8), (2.12), (2.13) および $p = \rho RT$ より 3.29°C, 1.10 kg/m^3.

2.4 式 (2.14) より $p = 4.09 \times 10^4$ Pa, $\rho = 0.587$ kg/m^3

第 3 章

3.1 $r^2 = x^2 + y^2$, $x = r\cos\theta$, $y = r\sin\theta$, $z = z$ から,
$$\frac{\partial}{\partial x} = \frac{\partial r}{\partial x}\frac{\partial}{\partial r} + \frac{\partial \theta}{\partial x}\frac{\partial}{\partial \theta} = \cos\theta\frac{\partial}{\partial r} - \frac{\sin\theta}{r}\frac{\partial}{\partial \theta}$$
$$\frac{\partial}{\partial y} = \frac{\partial r}{\partial y}\frac{\partial}{\partial r} + \frac{\partial \theta}{\partial y}\frac{\partial}{\partial \theta} = \sin\theta\frac{\partial}{\partial r} + \frac{\cos\theta}{r}\frac{\partial}{\partial \theta}$$
に $u = u_r\cos\theta - u_\theta\sin\theta$, $v = u_r\sin\theta + u_\theta\cos\theta$ を代入すればよい.

3.2 式 (3.12) より, 積分定数を C として $-(2a_1 xy + a_3 + a_4 x^2 + 3a_5 y^2)z - \frac{1}{3}a_6 xz^3 + C$.

3.3 式 (3.22)〜(3.34) より $a_x = 17 + 3t$, $a_y = 22 + 6t$, $a_z = 21 + 6t$.

3.4 面 ABCD を通って微小時間 Δt の間に流入する濃度 C の物質量と面 A′B′C′D′ を通って流出する量の差は
$$\left[uC - \left(u + \frac{\partial u}{\partial x}\Delta x\right)\left(C + \frac{\partial C}{\partial x}\Delta x\right)\right]\Delta y\Delta z\Delta t$$
であり, 分子拡散により流入, 流出する量は物質の分子拡散係数を D [m^2/s] とすると, 物質は濃度の高い領域から低い領域に拡散するから
$$\left[-D\frac{\partial C}{\partial x} + D\frac{\partial}{\partial x}\left(C + \frac{\partial C}{\partial x}\Delta x\right)\right]\Delta y\Delta z\Delta t$$
となり, x 軸に垂直な面を通しての収支は二次の微小項を無視すると,

演習問題解答

$$-\left[\frac{\partial uC}{\partial x} - D\frac{\partial^2 C}{\partial x^2}\right]\Delta x \Delta y \Delta z \Delta t$$

同様にして y 軸および z 軸に垂直な面を通しての収支は

$$-\left[\frac{\partial vC}{\partial y} - D\frac{\partial^2 C}{\partial y^2}\right]\Delta x \Delta y \Delta z \Delta t$$

および

$$-\left[\frac{\partial wC}{\partial z} - D\frac{\partial^2 C}{\partial z^2}\right]\Delta x \Delta y \Delta z \Delta t$$

であるから,これらの合計が微小要素の時間的な濃度変化

$$\frac{\partial}{\partial t}(C\Delta x \Delta y \Delta z)\Delta t$$

に等しい.よって

$$\frac{\partial C}{\partial t} + \frac{\partial uC}{\partial x} + \frac{\partial vC}{\partial y} + \frac{\partial wC}{\partial z} = D\left(\frac{\partial^2 C}{\partial x^2} + \frac{\partial^2 C}{\partial y^2} + \frac{\partial^2 C}{\partial z^2}\right)$$

となる.同様にして温度 T の勾配を持つ発熱・吸熱のない流れにおいては,熱拡散係数を K とすると次式が得られる.

$$\frac{\partial T}{\partial t} + \frac{\partial uT}{\partial x} + \frac{\partial vT}{\partial y} + \frac{\partial wT}{\partial z} = K\left(\frac{\partial^2 T}{\partial x^2} + \frac{\partial^2 T}{\partial y^2} + \frac{\partial^2 T}{\partial z^2}\right)$$

これらの式の左辺第 2~4 項は連続の式を適用すれば $u_j\frac{\partial C}{\partial x_j}$ および $u_j\frac{\partial T}{\partial x_j}$ の形に簡略化できる.

第 4 章

4.1 (1)
$$U_1(y) = \frac{1}{2\mu}k_1(y-H)y + U_0(1-y/H)$$
$$U_2(y) = \frac{1}{2\mu}k_2(y+H)y + U_0(1+y/H).$$

(2)
$$\tau_1(y) = k_1 y - \frac{k_1}{2}H - \mu\frac{U_0}{H}, \quad \tau_2(y) = k_2 y + \frac{k_2}{2}H + \mu\frac{U_0}{H}.$$

(3) $\tau_1(0) = \tau_2(0)$ より
$$U_0 = -\frac{(k_1+k_2)H^2}{4\mu}.$$

4.2
$$U_1(y) = \frac{\rho g \sin\theta}{2\mu}(2H-y)y + U_0$$
$$U_2(y) = \frac{-\rho g \sin\theta + k_2}{2\mu}(y+H)y + U_0(1+y/H)$$
$$\tau_1(y) = -\rho g \sin\theta\, y + \rho g \sin\theta\, H$$
$$\tau_2(y) = (-\rho g \sin\theta + k_2)y + (-\rho g \sin\theta + k_2)\frac{H}{2} + \mu\frac{U_0}{H}$$

$$\tau_1(0) + mg\sin\theta = \tau_2(0), \quad U_0 = 0 \text{ より}$$
$$k_2 = 3\rho g\sin\theta + \frac{2mg\sin\theta}{H}.$$

4.3 平行平板が十分長く，x 方向に一様な流れとすると，連続の式において
$$\frac{\partial u}{\partial x} = -\frac{\partial v}{\partial y} = 0$$
より $v = 0$ となる．また，圧力勾配は存在しないとしているから運動方程式より
$$\rho\frac{\partial u}{\partial t} = \mu\frac{\partial^2 u}{\partial y^2}$$
が得られる．この方程式を境界条件 $u = a\omega\cos\omega t = \mathrm{Re}(a\omega e^{i\omega t})$ ($y = H$ のとき), $u = 0$ ($y = 0$ のとき) のもとで解くと，
$$u = \mathrm{Re}\left[a\omega e^{i\omega t}\frac{\sinh\left\{(1+i)y\sqrt{(\omega/2\nu)}\right\}}{\sinh\left\{(1+i)H\sqrt{(\omega/2\nu)}\right\}}\right]$$
が得られる．

4.4 $\tau > 0$ として平行平板間の下側半面に存在する微小部分に対して x 方向の力のバランスをとると
$$p\Delta y - \left(p + \frac{\partial p}{\partial x}\Delta x\right)\Delta y + \rho g\sin\theta\Delta x\Delta y - \tau\Delta x + \left(\tau + \frac{\partial \tau}{\partial y}\Delta y\right)\Delta x = 0$$
を得る．よって，$\tau = \mu\frac{du}{dy}$ であり，十分発達した流れであることから
$$-\frac{\partial p}{\partial x} + \rho g\sin\theta + \mu\frac{d^2 u}{dy^2} = 0$$
となる．

4.5 $\tau > 0$ として円柱座標系の z 軸方向の力のバランスをとると
$$2\pi rp\Delta r - 2\pi r\left(p + \frac{\partial p}{\partial z}\Delta z\right)\Delta r + 2\pi r\rho g\sin\theta\Delta r\Delta z$$
$$+ 2\pi r\tau\Delta z - \left(2\pi r\tau + \frac{\partial(2\pi r\tau)}{\partial r}\Delta r\right)\Delta z = 0$$
となり
$$-\frac{\partial p}{\partial z} + \rho g\sin\theta - \frac{1}{r}\frac{\partial(r\tau)}{\partial r} = 0$$
を得る．よって，$\tau = -\mu\frac{dv_z}{dr}$ より十分発達した流れに対しては
$$-\frac{\partial p}{\partial z} + \rho g\sin\theta + \frac{\mu}{r}\frac{d}{dr}\left(r\frac{dv_z}{dr}\right) = 0$$
となる．

第 5 章

5.1 $Re > 2300$ で乱流になるとすると断面平均流速 $\langle U \rangle = 0.345$ m/s であるから,$Q = 2.71 \times 10^{-3}$ m^3/s となる.

5.2 式 (5.25) より乱流の場合は $a = 0.817$ であり,層流の場合は式 (4.38) より $a = 0.5$ である.乱流の場合は,激しく流体が混合されることにより管内中心部の最大流速が断面平均流速に近づく.

5.3 式 (5.24) より
$$\frac{d\overline{U}}{dr} = -\frac{\overline{U}_{\max}}{7R}\left(1 - \frac{r}{R}\right)^{-\frac{6}{7}}.$$
式 (5.27) より
$$\varepsilon = l^2 \frac{d\overline{U}}{dr} = \frac{0.16}{7}\left(1 - \frac{r}{R}\right)^{\frac{8}{7}} R\overline{U}_{\max}$$
であるから $r = 0.9R$ のとき $\varepsilon = 0.16$ cm^2/s となる.$\nu = 0.01$ cm^2/s であるから,ν の約 16 倍の値となる.

第 6 章

6.1 流入と流出部で流速 v は変化しないが,流速の x 方向成分は v から $-v\cos(\pi - \theta)$ に変化する.また,流速の y 方向成分は 0 から $-v\sin(\pi - \theta)$ に変化する.よって運動量保存則を x, y 方向に適用すると
$$-F_x = -\rho Q v(1 - \cos\theta)$$
$$-F_y = -\rho Q v \sin\theta$$
となる.よって,$F = \rho Q v \sqrt{2(1 - \cos\theta)}$

6.2 $-2 \times \frac{\rho Q v \cos\theta}{2} - \rho Q v = -F$ より $F = \rho Q v(1 + \cos\theta)$
右方向に U で動く場合は相対速度が $v - U$ となり,衝突流量は $Q' = Q(v - U)/v$ となるから $F = \rho Q(v - U)^2(1 + \cos\theta)/v$ となる.

6.3 ノズルの断面積を $a(= \pi d^2/4)$ とすると各ノズルのトルクは,ノズルからの流体の噴出速度が相対的には $v - u$ であるので $T = \rho v a(v - u)l$ となり,二つのノズルにより回転軸に与えられる動力 P_w は $P_w = 2 \times T \times u/l = 2\rho v a(v - u)u$ とな

る．また，流体が失う運動エネルギーは $L = 2 \times \frac{1}{2}\rho va(v-u)^2$ であるから効率 η は $\eta = P_\mathrm{w}/(P_\mathrm{w}+L) = 2u/(u+v)$ となる．

6.4 水面と各ノズル出口にベルヌーイの式を適用すれば $u = U = \sqrt{2gH}$ となる．水平方向に右向きを正とすると $\rho AU^2 - \rho au^2 = -F$ より $F = -2\rho gH(A-a) < 0$. よって，左向きの力を受ける．

6.5 液面での流速 v_a が存在するから，式 (6.27) と連続の式 (6.5) より

$$v_b = \sqrt{\frac{2gh}{1-(a/A)^2}}$$

となる．微小時間 $\Delta t\,(>0)$ の間に液面が $\Delta h\,(<0)$ だけ低下したとすると，Δt 時間のノズルからの流出流量がタンク内の水の体積減少に等しいので

$$av_b \Delta t = a\sqrt{\frac{2gh}{1-(a/A)^2}}\Delta t = -A\Delta h$$

より

$$\frac{dh}{dt} = -\frac{a}{A}\sqrt{\frac{2gh}{1-(a/A)^2}}$$

となる．$t=0$ での水位を h_0 とすると

$$h = \left(-\sqrt{\frac{a^2 g}{2(A^2-a^2)}}t + \sqrt{h_0}\right)^2$$

となる．

第 7 章

7.1 縮小管内の圧力を p_1，拡大管の渦の影響の無くなった下流位置での圧力を p_2 とし，流路壁での摩擦力を無視すると，拡大部への入口における圧力は p_1 で近似できる．拡大部での運動量の保存則は入口の拡大部分の壁から受ける力を F として

$$p_1 A_1 + F - p_2 A_2 = \rho A_1 v_1 v_2 - \rho A_1 v_1 v_1 = \rho A_1 v_1 (v_2 - v_1)$$

となる．ここで，$F = p_1(A_2 - A_1)$ である．これより $p_1 - p_2 = \rho v_1(v_2-v_1)\frac{A_1}{A_2}$ となる．また，ベルヌーイの式より，拡大部での圧力損失水頭を h とすると

$$\frac{p_1}{\rho} + \frac{v_1^2}{2} = \frac{p_2}{\rho} + \frac{v_2^2}{2} + gh$$

演習問題解答

であるから，連続の式 (7.22) $A_1v_1 = A_2v_2$ を用いて
$$h = \frac{p_1 - p_2}{\rho g} + \frac{v_1^2 - v_2^2}{2g} = \frac{(v_1 - v_2)^2}{2g}$$
となる．

7.2 図 7.4(f) に示すタンク出口部分での圧力損失と管路内での摩擦による圧力損失を考慮して A 点と B 点にベルヌーイの式を適用すると，A 点と B 点での圧力はともに大気圧に等しいから
$$H = \frac{v^2}{2g} + \left[0.5 + 0.3\cos\left(\frac{\pi}{2} - \theta\right) + 0.2\cos^2\left(\frac{\pi}{2} - \theta\right)\right]\frac{v^2}{2g} + \frac{4fL}{d}\frac{v^2}{2g}$$
となる．これより v を求めればよい．上式に各数値を代入すると v に関する方程式
$$1.0 = 0.092v^2 + 0.091v^{1.75}$$
が得られるので，近似的に $v = 2.5$ m/s となる．

7.3 パイプ内の圧力損失を考慮して A 点，B 点および C 点にベルヌーイの式を適用すると
$$h_A = h_B + 4f\frac{L_1}{d}\frac{v_1^2}{2g} + 4f\frac{L_2}{d}\frac{v_2^2}{2g}, \quad h_A = h_C + 4f\frac{L_1}{d}\frac{v_1^2}{2g} + 4f\frac{L_3}{d}\frac{v_3^2}{2g}$$
連続の式より $v_1 = v_2 + v_3$ である．よって
$$v_1 = \sqrt{\frac{gd}{2fL_2}(h_A - h_B) - \frac{L_1}{L_2}v_1^2} + \sqrt{\frac{gd}{2fL_3}(h_A - h_C) - \frac{L_1}{L_3}v_1^2}$$
を数値的に解けばよい．

第 9 章

9.1 臨界レイノルズ数を $Re_{xc} = 5 \times 10^5$ とすると $L = 0.075$ m，式 (9.53) より $\delta = 5.8 \times 10^{-4}$ m．

9.2 式 (9.82) から $u^* = 1.61$ m/s．よって，$y^+ = 5$ より $\delta' = 4.66 \times 10^{-5}$ m．また，式 (9.81) より $\delta = 6.65 \times 10^{-2}$ m．

9.3 式 (9.3) および式 (9.4) より $\delta^*/\theta = 9/7$．

9.4 層流境界層であるから式 (9.53) より $\delta = 0.0387$ m，式 (9.48) より板の幅と上下面を考慮すると $F = 29.2 \times 2 \times 2 = 117$ N．

9.5 式 (9.62) より $d\overline{U}/dy = u^{*2}(df/dy^+)/\nu$, 式 (9.63) より $d\overline{U}/dy = -u^*(dg/d\eta)/\delta$ であるから，任意の y^+ と η に対して両者が等しくなるためには $y^+(df/dy^+) = -\eta(dg/d\eta) =$ 一定より y^+ と η に対して積分すれば f と g は対数分布形をとる．

第 10 章

10.1 $D = 50 \times \cos(35°) = 41.0$ N，$L = 50 \times \sin(35°) + 1 \times 9.8 = 38.5$ N より断面積 A に注意すると
$$D = \frac{1}{2}C_D \rho U_s^2 A \text{ より，} C_D = 0.563,$$
$$L = \frac{1}{2}C_L \rho U_s^2 A \text{ より，} C_L = 0.529.$$

10.2 $V = H^a g^b$ より両辺の次元が一致するためには $a = b = 1/2$ より $V \propto \sqrt{gH}$．

10.3 ストークスの仮定 $C_D = \frac{24}{Re} = \frac{24\mu}{dv\rho_f}$ を用いるとすると，終末速度に達しているので式 (10.54) より $\mu = 1.4$ Pa·s を得る．

この μ を用いると，$Re = 0.018 \ll 1$ となりストークスの仮定が確認される．水平方向に働く力 F_x は式 (10.40) に示す抗力の x 方向成分と釣り合うから $F_x = 3\pi\mu u d = 2.9 \times 10^{-4}$ N となる．

10.4 $Re = 31400$ より $C_D = 1$ となる．よって式 (10.4) より 1 本の電線に働く抗力は $D = 2.96 \times 10^3$ N となるから $F = D \times 20 = 5.92 \times 10^4$ N．また，式 (10.12) より，$f = 220$ Hz．

10.5 ケルビンの定理は $\mu = 0$ の完全流体を仮定しているが，現実の流体では $\mu \neq 0$ であり，渦が時間の経過とともに粘性消散するから．

第 11 章

11.1 式 (11.25) より $\psi = xy$, $\phi = x^2/2 - y^2/2$ となる．

11.2 式 (11.38) において，$\frac{dW}{dz} = u - iv = 0$ より $z = -1$ ($x = -1$, $y = 0$) が淀み点になる．

11.3 鏡像の方法を用いれば
$$W(z) = Uz + \frac{q}{2\pi} \ln(z - ih) + \frac{q}{2\pi} \ln(z + ih)$$
より
$$\frac{dW(z)}{dz} = u - iv = U + \frac{q}{2\pi}\left(\frac{1}{z-ih} + \frac{1}{z+ih}\right)$$
より，$y = 0$ とき
$$u = U + \frac{q}{\pi}\frac{x}{x^2+h^2}$$
となる．渦糸が存在する場合は，
$$W(z) = Uz + \frac{i\Gamma}{2\pi}\ln(z-ih) - \frac{i\Gamma}{2\pi}\ln(z+ih)$$
であるが，$z = ih$ の点の渦糸は，それ以外の
$$W(z) = Uz - \frac{i\Gamma}{2\pi}\ln(z+ih)$$
が誘起する流れにより動くから
$$\frac{dW(z)}{dz} = u - iv = U - \frac{i\Gamma}{2\pi(z+ih)} = 0$$
に $z = ih$ を代入すると $\Gamma = 4\pi hU$ となる．

11.4 鏡像の方法を用い第 2, 3, 4 象限にも対称な渦糸が存在するとすれば，複素ポテンシャルは
$$W(z) = -\frac{i\Gamma}{2\pi}\ln(z-z_0) + \frac{i\Gamma}{2\pi}\ln(z-\overline{z_0}) - \frac{i\Gamma}{2\pi}\ln(z+z_0) + \frac{i\Gamma}{2\pi}\ln(z+\overline{z_0})$$
となる．これより A 点にある渦糸は他の三つの鏡像の渦糸が誘起する速度場
$$W(z) = \frac{i\Gamma}{2\pi}\ln(z-\overline{z_0}) - \frac{i\Gamma}{2\pi}\ln(z+z_0) + \frac{i\Gamma}{2\pi}\ln(z+\overline{z_0})$$
によって移動するから，
$$\frac{dW(z)}{dz} = u - iv = \frac{i\Gamma}{2\pi}\left(\frac{1}{z-\overline{z_0}} + \frac{1}{z+\overline{z_0}} - \frac{1}{z+z_0}\right)$$
より，$z = z_0 = h + ih$, $\overline{z} = \overline{z_0} = h - ih$ を代入して $u = \frac{\Gamma}{8\pi h}$, $v = -\frac{\Gamma}{8\pi h}$ を得る．

11.5 複素ポテンシャルは
$$W(z) = Uz + U\frac{a^2}{z} + U\frac{a^2}{z+ih} - \frac{i\Gamma}{2\pi}\ln z + \frac{i\Gamma}{2\pi}\ln(z+ih)$$

となる．
$$\frac{dW(z)}{dz} = U - U\frac{a^2}{z^2} - U\frac{a^2}{(z+ih)^2} - \frac{i\Gamma}{2\pi z} + \frac{i\Gamma}{2\pi(z+ih)}$$

原点にある円柱を囲む閉曲線 S に沿って $\oint_s \left(\frac{dW(z)}{dz}\right)^2 dz$ を計算し，$1/z$ を含む項のみを式 (11.160) を用いて計算すると，式 (11.155) より
$$X - iY = i\rho \left(U\Gamma + \frac{\Gamma^2}{2\pi h} + \frac{2Ua^2\Gamma}{h^2} + \frac{4\pi U^2 a^4}{h^3} \right)$$
となる．よって
$$X = 0, \quad Y = -\rho \left(U\Gamma + \frac{\Gamma^2}{2\pi h} + \frac{2Ua^2\Gamma}{h^2} + \frac{4\pi U^2 a^4}{h^3} \right)$$
となる．

第 12 章

12.1 式 (12.74) より $M_2 = 0.577$，式 (12.75) より $p_2/p_1 = 4.5$，式 (12.77) および式 (12.78) より $\rho_2/\rho_1 = 2.67$ となり流体が圧縮される．このとき，式 (12.79) より衝撃波通過前の音速を a_1 とすると $u_1 = 2a_1$ であるから $u_2 = 0.749a_1$ となり，式 (12.78) および式 (12.33) から $a_2 = 1.30a_1$ より $u_2 = 0.577a_2$ であるから，当然のことながら $M_2 = 0.577$ の亜音速に減速されていることがわかる．

12.2 式 (12.49) より 58°C となる．

12.3 式 (12.50) において右辺を二項展開すると
$$\frac{\rho_0}{\rho} = 1 + \frac{1}{2}M^2 + \frac{2-\kappa}{8}M^4 + \cdots$$
であり，$M < 1$ のとき近似的に
$$\frac{\rho_0 - \rho}{\rho} \approx \frac{1}{2}M^2$$
となる．

12.4 式 (12.56) より，$M = 0.848$ となる．式 (12.33) より音速 $a = 299$ m/s であるから飛行機の相対速度は $u = 254$ m/s となる．式 (12.60) において M^4 の項までとれば $\epsilon = 0.915$ であり，8.43%の誤差が生じる．

12.5 式 (12.72) より $p_1 + \rho_1 u_1^2 = p_2 + \rho_2 u_2^2$, また, 連続の式より $\rho_1 u_1 = \rho_2 u_2$ であるから式 (12.32) を用いて

$$u_1 - u_2 = \frac{p_2}{\rho_2 u_2} - \frac{p_1}{\rho_1 u_1} = \frac{a_2^2}{\kappa u_2} - \frac{a_1^2}{\kappa u_1}$$

となる. いっぽう, 式 (12.45) および式 (12.33) より衝撃波前後の音速を a_1, a_2 として

$$\frac{a_1^2}{\kappa - 1} + \frac{u_1^2}{2} = \frac{a_2^2}{\kappa - 1} + \frac{u_2^2}{2} = \frac{\kappa + 1}{2(\kappa - 1)} a^{*2}$$

となる. 後式から得られる a_1^2 および a_2^2 を前式に代入すると $u_1 u_2 = a^{*2}$ となる. ここで, $M = 1$ で流速 u は音速 a^* に等しくなる条件を使用している.

参考文献

市川常雄『改訂新版 水力学・流体力学』(朝倉書店, 1981)
化学工学会編『改訂七版 化学工学便覧』(丸善, 2011)
化学工学会監修『改訂第 3 版 化学工学:解説と演習』(朝倉書店, 2008)
梶島岳夫『乱流の数値シミュレーション 改訂版』(養賢堂, 2014)
亀井三郎編『化学機械の理論と計算 第 2 版』(産業図書, 1975)
木田重雄,柳瀬眞一郎『乱流力学』(朝倉書店, 1999)
大宮司久明,三宅 裕,吉澤 徴編『乱流の数値流体力学:モデルと計算法』(東京大学出版会, 1998)
中山泰喜『新編 流体の力学』(養賢堂, 2011)
永田雅人『高速流体力学:圧縮性流体力学の基礎』(森北出版, 2010)
西岡通男『熱線流速計』(日本化学工業社, 1991)
日本機械学会編『機械工学便覧 流体工学』(丸善, 2006)
日本機械学会編『演習 流体力学』(丸善, 2012)
深野 徹『わかりたい人の流体工学 I・II』(裳華房, 1994)
保原 充,大宮司久明編『数値流体力学:基礎と応用』(東京大学出版会, 1992)
Barker, A. "T331 Engineering mechanics: solids and fluids" (BBC TV Production of Open University, 1986)
Bird, R. B., Stewart, W. E. and Lightfoot, E. N. "Transport Phenomena, Revised second edition" (John Wiley & Sons, 2006)
Douglas, J. F., Gasiorek, J. M. and Swaffield, J. A. "Fluid Mechanics" (Pitman Publishing, 1985)
Hinze, J. O. "Turbulence, second edition" (McGraw-Hill, 1975)
Lomas, C. G. "Fundamentals of Hot Wire Anemometry" (Cambridge University Press, 1986)
Pope, S. B. "Turbulent Flows" (Cambridge University Press, 2000)
Schlichting, H. "Boundary Layer Theory" (McGraw-Hill, 1968)
Reynolds, O. "An Experimental Investigation of the Circumstances Which Determine Whether the Motion of Water Shall Be Direct or Sinuous, and of the Law of Resistance in Parallel Channels" (Philosophical Transactions of the Royal Society of London, 174, 935–982, 1883)
Van Dyke, M. "An Album of Fluid Motion" (Parabolic Press, 1982)

索　引

欧　文

β (圧縮率)　8
C_D (抗力係数)　133, 139
C_f (壁面摩擦係数)　110
C_L (揚力係数)　124, 139
C_M (モーメント係数)　139
c_p (定圧比熱容量)　16, 193
c_v (定容比熱容量)　16, 193
δ (境界層厚さ)　100
δ^* (排除厚さ)　100
D_f (摩擦抗力)　123
D_p (圧力抗力)　123
Fr (フルード数)　125
Γ (循環)　142
H (エンタルピー)　193
K (体積弾性係数)　8, 197
κ ($= c_p/c_v$)　16
Kn (クヌッセン数)　4
LDV (レーザドップラー流速計)　92
M (マッハ数)　126, 197
μ (粘性係数)　5, 6
Nu (ヌッセルト数)　89
ν (動粘性係数)　6
PIV (粒子画像流速計)　94
P_w (仕事率)　73
p (圧力)　10
P (瞬間圧力)　49
R (気体定数)　16, 192
R_0 (普遍気体定数)　16, 193
Re (レイノルズ数)　48, 126
Re_c (臨界レイノルズ数)　48
ρ (密度)　5
S (エントロピー)　194

σ (表面張力)　7
St (ストローハル数)　128
τ (せん断応力)　5
τ_w (壁面摩擦応力)　106
θ (運動量厚さ)　102
u, v, w (流速)　1
U, V, W (瞬間流速)　49
We (ウェーバ数)　125

ア　行

圧縮性流体　192
圧縮率　8
圧力　10
圧力抗力　122, 123
圧力損失　76
圧力ヘッド　65
アレン領域　133

位置ヘッド　65

ウェーバ数　125
渦拡散係数　54
渦度　151
渦動粘係数　54
渦なし流れ　159
運動方程式　24
運動量厚さ　102
運動量の保存則　67

液体　2
円管　54
遠心分離機　138
エンタルピー　193
エントロピー　194

オイラーの運動方程式　64, 149
オイラー法　21
オリフィス　82, 96

　　　　　　カ　行

外層領域　111
角運動量　28, 72
カルマン渦　128

擬塑性流体　7
気体　2
気体定数　16, 192
境界層厚さ　100
境界層流れ　98
境界層方程式　104
鏡像の方法　168

クエット流れ　38
クッタ・ジューコフスキーの定理　143, 181,
　　184, 185
クッタの条件　144, 185
クヌッセン数　4

形状抗力　123
ゲージ圧　18
ケルビンの定理　144, 146

後流　121
抗力　122
抗力係数　133, 139
コーシーの積分定理　180
コーシー・リーマンの微分方程式　153
固体　2
固体粒子の運動　133
コルモゴロフスケール　58

　　　　　　サ　行

次元解析　124
仕事率　73
自由渦　159
ジューコフスキー変換　174, 183, 185
ジューコフスキー翼　186

出発渦　144
循環　142
衝撃波　204

吸い込み　158
水頭　18
水力相当直径　80
ストークス領域　133
ストローハル数　128

静温　199
静止流体　10
絶対圧力　18
遷移領域　111, 112
全温　199
せん断応力　5
せん断弾性率　29
せん断ひずみ　6
せん断ひずみ速度　6

層流　35
速度欠損領域　111
速度ヘッド　65
速度ポテンシャル　148, 149
束縛渦　144
塑性流体　7

　　　　　　タ　行

大気圧　18
対数領域　111, 113
体積弾性係数　8, 197
ダイラタント流体　7

翼　139
翼理論　182

定圧比熱容量　16, 193
定圧変化　193
定常乱流　50
定容比熱容量　16, 193
定容変化　194

動温　199

等温変化　194
等角写像　173
動粘性係数　6, 54
動力　73
トルク　72

ナ行

内層領域　111
内部流れ　98
1/7 乗則　56, 116
ナビエ・ストークス式　24

ニクラゼの式　79
ニュートンの粘性法則　6
ニュートン流体　7
ニュートン領域　133

ヌッセルト数　89

熱線流速計　88
熱力学の第1法則　193
熱力学の第2法則　195
粘性係数　5, 6
粘性項　49, 149
粘性消散　30
粘性底層　111

ノズル　201

ハ行

排除厚さ　101
剥離　121

非圧縮性流体　23, 149
ビオ・サバールの法則　188
ピトー管　87, 200
非ニュートン流体　7
表面張力　7
ビンガム流体　7

風車　71
フォトマルチプライヤー　92

複素ポテンシャル　148, 154
普遍気体定数　16, 193
ブラジウスの式　79, 116
ブラジウスの第1公式(定理)　179, 180
ブラジウスの第2公式(定理)　179
プラントルとシュリヒティングの表示　118
プラントルの混合距離　56
フルード数　125
分子間距離　2
分子の運動エネルギー　2
分子の結合エネルギー　2
分子の平均自由行程　3

平行平板　50
壁面摩擦応力　106, 117
壁面摩擦係数　110, 117
ヘッド　18
ベルヌーイの式　65, 141, 198
ベンチュリ管　95

ポテンシャル渦　159
ポテンシャル解析　148
ポテンシャル流れ　151

マ行

マグナス効果　181
摩擦係数　78
摩擦抗力　122, 123
摩擦速度　56
マッハ角　198
マッハ数　126, 197
マッハ波　197
マノメータ　19, 88

密度　5

ムーディ線図　79

毛管現象　8
モーメント　28
モーメント係数　139

ヤ 行

揚程　84
揚力　122
揚力係数　124, 139
淀み点　121

ラ 行

ラグランジュ法　21
ラプラスの微分方程式　151
ランキンの卵形　169
乱流　46
乱流拡散係数　54
乱流境界層　116

理想気体の状態方程式　16
流管　61
粒子画像流速計 (PIV)　94

流線　61
　──の微分方程式　61
流線管　61
流速　1
流速勾配　7
流体　2, 3
流体粒子　6
臨界圧力　202

レイノルズ応力　52, 115
レイノルズ数　48, 98, 126
レイノルズの実験　47
レーザドップラー流速計 (LDV)　92
連続体　4
連続の式　23, 32, 149, 198

ワ 行

わき出し　158

著者略歴

小森　悟（こもり　さとる）

1951 年　京都府に生まれる
1974 年　京都大学工学部化学工学科卒業
1976 年　京都大学大学院工学研究科修士課程化学工学専攻修了
1979 年　京都大学大学院工学研究科博士課程化学工学専攻単位修得退学
　　　　（1980 年　京都大学工学博士）
1979 年　京都大学工学部化学工学科 助手
1980 年　環境庁国立公害研究所（現 国立環境研究所）大気環境部 研究員
1985 年　ケンブリッジ大学応用数学理論物理学科 客員研究員
1986 年　環境庁国立公害研究所（現 国立環境研究所）大気環境部 主任研究員
1986 年　九州大学工学部化学機械工学科 助教授
1996 年　九州大学工学部化学機械工学科 教授
1998 年　京都大学大学院工学研究科機械工学（現 機械理工学）専攻 教授
2010 年　京都大学工学部長，大学院工学研究科長（〜2012 年）
現　在　京都大学名誉教授

流れのすじがよくわかる
流　体　力　学　　　　　定価はカバーに表示

2016 年 7 月 15 日　初版第 1 刷
2023 年 9 月 25 日　　　第 5 刷

著　者　小　森　　　悟
発行者　朝　倉　誠　造
発行所　株式会社　朝　倉　書　店

東京都新宿区新小川町 6-29
郵便番号　162-8707
電　話　03（3260）0141
FAX　03（3260）0180
https://www.asakura.co.jp

〈検印省略〉

© 2016 〈無断複写・転載を禁ず〉　印刷・製本　デジタルパブリッシングサービス

ISBN 978-4-254-23143-4　C 3053　　　Printed in Japan

JCOPY ＜出版者著作権管理機構 委託出版物＞
本書の無断複写は著作権法上での例外を除き禁じられています．複写される場合は，そのつど事前に，出版者著作権管理機構（電話 03-5244-5088，FAX 03-5244-5089，e-mail: info@jcopy.or.jp）の許諾を得てください．

好評の事典・辞典・ハンドブック

書名	著者・編者	判型・頁数
数学オリンピック事典	野口 廣 監修	B5判 864頁
コンピュータ代数ハンドブック	山本 慎ほか 訳	A5判 1040頁
和算の事典	山司勝則ほか 編	A5判 544頁
朝倉 数学ハンドブック［基礎編］	飯高 茂ほか 編	A5判 816頁
数学定数事典	一松 信 監訳	A5判 608頁
素数全書	和田秀男 監訳	A5判 640頁
数論＜未解決問題＞の事典	金光 滋 訳	A5判 448頁
数理統計学ハンドブック	豊田秀樹 監訳	A5判 784頁
統計データ科学事典	杉山高一ほか 編	B5判 788頁
統計分布ハンドブック（増補版）	蓑谷千凰彦 著	A5判 864頁
複雑系の事典	複雑系の事典編集委員会 編	A5判 448頁
医学統計学ハンドブック	宮原英夫ほか 編	A5判 720頁
応用数理計画ハンドブック	久保幹雄ほか 編	A5判 1376頁
医学統計学の事典	丹後俊郎ほか 編	A5判 472頁
現代物理数学ハンドブック	新井朝雄 著	A5判 736頁
図説ウェーブレット変換ハンドブック	新 誠一ほか 監訳	A5判 408頁
生産管理の事典	圓川隆夫ほか 編	B5判 752頁
サプライ・チェイン最適化ハンドブック	久保幹雄 著	B5判 520頁
計量経済学ハンドブック	蓑谷千凰彦ほか 編	A5判 1048頁
金融工学事典	木島正明ほか 編	A5判 1028頁
応用計量経済学ハンドブック	蓑谷千凰彦ほか 編	A5判 672頁

価格・概要等は小社ホームページをご覧ください．